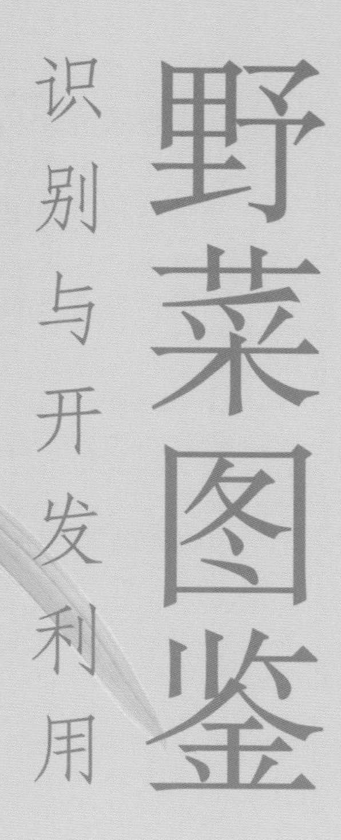

野菜图鉴

识别与开发利用

刘庭付 缪叶旻子 李汉美 主编

Wild Vegetables Identification and Development

中国农业出版社
北 京

图书在版编目（CIP）数据

野菜图鉴：识别与开发利用 / 刘庭付，缪叶旻子，李汉美主编. —北京：中国农业出版社，2023.2

ISBN 978-7-109-30443-7

Ⅰ. ①野… Ⅱ. ①刘… ②缪… ③李… Ⅲ. ①野生植物—蔬菜—识别②野生植物—蔬菜加工 Ⅳ. ①S647

中国国家版本馆CIP数据核字（2023）第032512号

野菜图鉴：识别与开发利用
YECAI TUJIAN：SHIBIE YU KAIFA LIYONG

中国农业出版社出版
地址：北京市朝阳区麦子店街18号楼
邮编：100125
责任编辑：郭　科
版式设计：杜　然　　责任校对：吴丽婷
印刷：北京缤索印刷有限公司
版次：2023年2月第1版
印次：2023年2月北京第1次印刷
发行：新华书店北京发行所
开本：700mm × 1000mm　1/16
印张：14.25
字数：255千字
定价：68.00元

主　　编　刘庭付　缪叶旻子　李汉美

副 主 编　周大云　祝　彪　张　哲　林水娟　徐小燕
吴彦勋

编写人员（以姓氏笔画为序）

王银燕　叶勇淼　吕群丹　刘庭付　李汉美
吴彦勋　张　哲　张典勇　陈　超　陈军华
林水娟　周大云　周锦连　钟建平　洪碧伟
祝　彪　徐小燕　陶冬林　缪叶旻子
潘俊杰　潘逸明　瞿云明

基础知识

植物一般由根、茎、叶、花、果和种子六部分组成，其中叶、花、果是植物的三个重要鉴别器官。为了方便读者识别和欣赏植物，这里先简要介绍一些叶、花、果的基础知识。

花的组成　花一般由花柄、花托、花被（花萼、花冠）、雄蕊群和雌蕊群组成。

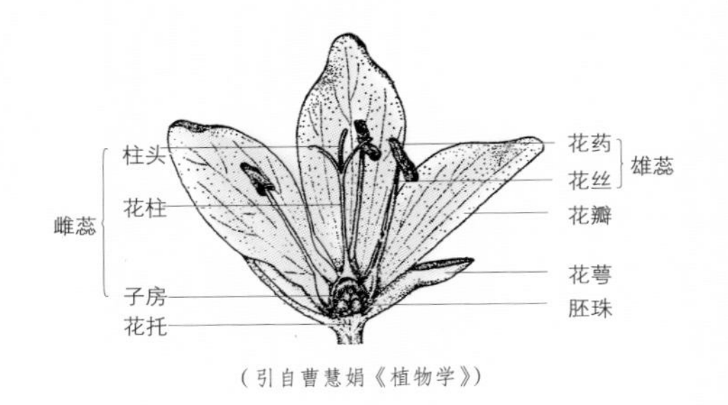

（引自曹慧娟《植物学》）

花冠　是由一朵花中的若干枚花瓣组成。常见花冠类型如下：

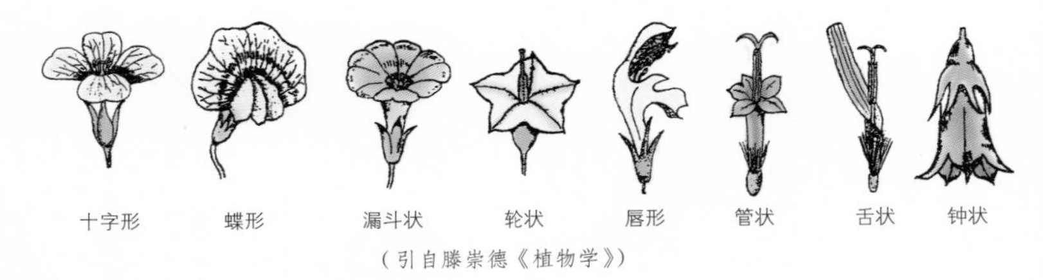

（引自滕崇德《植物学》）

花

花序　花在花轴上排列的方法和开放次序。常见花序类型如下：

果

肉质果

核果 　浆果 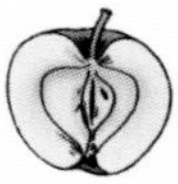　梨果 　柑果 　瓠果

干果

荚果 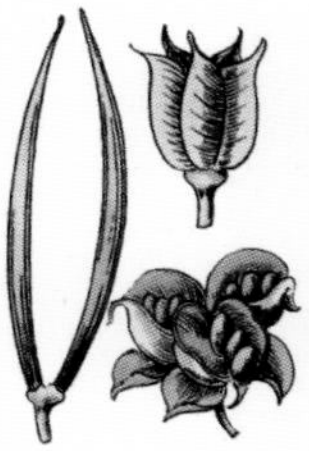　蓇葖果 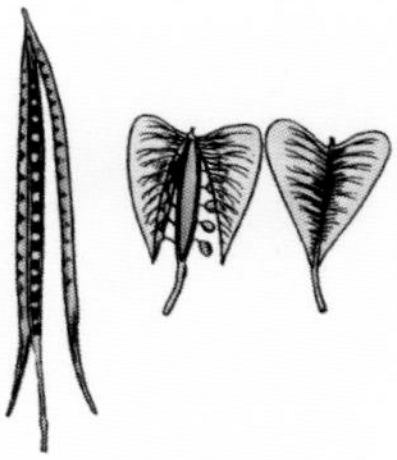　角果 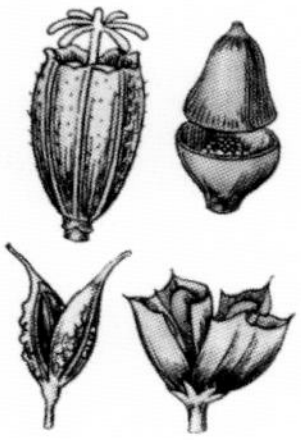　蒴果

瘦果 　颖果 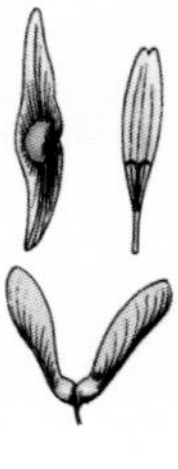　翅果 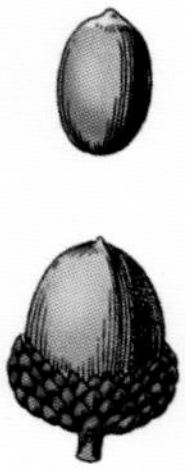　坚果 　双悬果 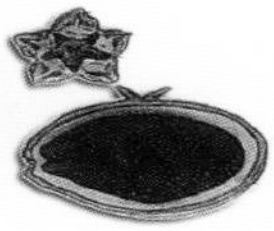　胞果

聚合果、聚花果

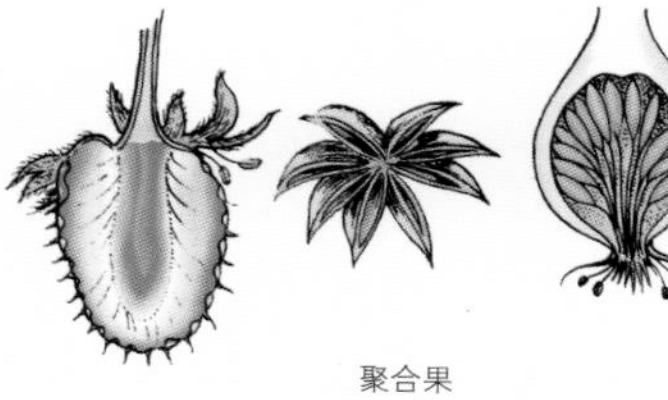

聚合果 　聚花果

本书阅读说明

中文名称
别名
拉丁学名
科属名称
花期
果期
科名
食用部位
生长环境：
描述植物生长的外部环境，也就是您能在什么地方找到它
形态特征：
描述植物的茎、枝、叶、花、果实
食药用价值：
描述野菜的食用价值和药用功效
阿福花科 Asphodelaceae
黄花菜 Hemerocallis citrina
阿福花科/萱草属
花期5—9月
果期5—9月
别名：金针菜、柠檬萱草、金针花
食用部位 花可食，根入药。
生长环境 主要生于海拔1 900米以下的山坡、山谷、草地、荒地或林缘。浙江丽水缙云人工栽培面积较大。
形态特征 多年生草本植物，植株较高大，株高可达2米；根近肉质，中下部常有纺锤状膨大；叶7～20片，长50～130厘米，宽6～25毫米；花葶长短不一，一般稍长于叶，基部三棱形，上部多圆柱形，有分枝；苞片披针形，下面的长3～10厘米，自下向上渐短，宽3～6毫米；花梗较短，通常不及1厘米；花多朵，最多可达100朵以上；花被淡黄色，有时在花蕾时顶端带黑紫色；花被管长3～5厘米，花被裂片长6～12厘米，内3片宽2～3厘米；蒴果钝三棱状椭圆形，长3～5厘米；种子约20个，黑色，有棱，从开花到种子成熟需40～60天。
食药用价值
花经过蒸、晒、加工去毒后制成金针菜，也可入沸水焯后，凉拌、炒食、做汤。根可酿酒饮，有健胃、通乳、补血、利尿、消肿、安神等功效，用于哺乳期妇女乳汁分泌不足、浮肿、小便不利、神经衰弱等症。
10
野菜图鉴 识别与开发利用

前　言 Foreword

浙江西南部由于受亚热带季风气候的影响，山地气候特征明显（以中山、丘陵地貌为主），具有丰富的生物多样性和优良的自然环境，是浙江重要的生态屏障区域，其优越的自然地理条件蕴藏着丰富的野菜资源，特别是丽水（莲都、龙泉、青田、缙云、云和、松阳、景宁、庆元、遂昌）、温州（文成、泰顺）、衢州（江山、龙游、常山和开化）、金华（磐安、武义）等地野菜种类十分多样。据统计，浙江可供蔬食的野菜有1 200种，属于119科418属，具20种以上野菜的科有12个。依据可供食部位和器官，野菜可分为茎菜类、叶菜类、花菜类、果菜类、根菜类和食用菌类六大类。

本书的出版得到了浙江省科技厅重点研发项目“浙西南野生蔬菜驯化与开发利用”（项目编号2019C02014）的资助。书中收录了95种野菜资源，分别从科属、别名、花果期、生长环境、形态特征及食药用价值等方面进行了介绍，同时每种野菜资源配有多幅典型形态的高清原色图谱，以便读者在野外能够准确识别。另外，基于对野菜种苗繁育技术及驯化栽培技术的研究，书中总结了22种野菜种苗繁育技术、32种野菜驯化栽培技术；书的最后部分对野菜采食注意事项、野菜营养及药用价值、食用方法和食用禁忌进行了介绍，为进一步认识野菜及其驯化开发利用提供参考。

鉴于水平有限，时间仓促，经验不足，书中难免存在不足和遗漏之处，敬请各位专家和读者批评指正！

目　录 Contents

绪论

野生蔬菜，简称野菜，是指野外自然生长未经人工栽培，且根、茎、叶、花或果实等器官可作蔬菜食用的野生或半野生植物。随着我国经济的快速发展，人们生活水平和健康食养意识不断提高，对食用蔬菜的安全性、丰富性、独特性有了更多的追求。野菜以其天然绿色、营养价值高、药食同源、风味独特等特点，被誉为天然绿色食品、有机食品、森林食品，并成为人们餐桌上的特色保健蔬菜。野菜消费热在国内外悄然兴起，成为现代人渴求“回归自然”的野味食品。

1. 野菜主要特点

（1）营养价值高。野菜具有丰富的营养价值，含有无机盐，其中特别有益的元素有钙、磷、镁、钾、钠及铁、锌、铜、锰等矿质元素，这些元素含量的比例与人体需要的比例相近；氨基酸种类繁多，且配比良好；膳食纤维含量高，具有促进胃肠蠕动、增加饱腹感和维持肠道菌群平衡的作用。此外，多种野菜还含有比较少见的维生素B_{12}、维生素K和维生素D_2等。

一些野菜的矿物质、膳食纤维、蛋白质、胡萝卜素和多种维生素的含量均高于常见栽培蔬菜。《中国野菜图谱》中记录了88种野菜的胡萝卜素含量比常见栽培胡萝卜高；每100克大豆中的胡萝卜素含量为1.35毫克，而野菜中含胡萝卜素最少的蕨菜，每100克也含有胡萝卜素1.86毫克；蘘荷幼嫩花序的氨基酸总含量（19.83%）高于常见的谷物类氨基酸总含量。还有些野菜的营养成分含量高于某些粮食作物，且含有稻米和小麦面粉不含的胡萝卜素和维生素C。

（2）保健作用好。野菜中丰富的生物活性物质对活血调经、镇咳祛痰、消肿解毒、消积健胃等具有药用功效。如蘘荷花芽苞所含的纤维素在人体内分解后不产生糖类，是糖尿病患者可食用的蔬菜，还能刺激胃肠蠕动，促进消化腺分泌，帮助消化。经研究证明，适宜的粗纤维素对预防直肠癌、糖尿病、冠心病、胆结石、痔疮等疾病均有益处。桑叶含有芸香苷、挥发油、异槲皮素等功效成分，有抗溃疡、抑制伤寒杆菌、降血糖等作用。马齿苋含三萜醇类、氨基酸和黄酮类等多种活性成分，在抗炎症、抗菌和抗衰老方面具有独特功效，在医学界有“天然抗生素”之称。

（3）无污染无残留。野菜自然生长，生命力强，抗逆，抗病虫，不施化肥、不喷农药等，是纯天然的绿色食品，是高质量的有机蔬菜。

（4）风味独特。几千年来，我国人民经常采集野菜食用，食用方法亦多种多样，如生食、凉拌、炒食、蒸煮或煮浸后炒食，也可做馅、做汤、腌制、干制等。一些野菜还作为加工产品（罐头、制作淀粉等）出口到国外。

2. 野菜资源及利用现状

根据中国科学院植物研究所陈艺林、傅德志先生统计，全国可食用的野菜共213科1 822种。浙江地处长江中下游地区，为亚热带季风气候，地形多样，有着野菜生长的良好自然条件，特别是丽水、温州、衢州等浙西南山区，因垂直气候条件及多样的自然环境而蕴藏着丰富的森林野菜资源。据不完全统计，浙江有森林野菜种类450多种，属于79科229属，占全国森林野菜种类的64%以上。据顾青等初步统计，浙江具有较高开发价值的野菜资源100余种。

浙江利用野菜的历史悠久，并积累了许多野菜食用和药用的经验，但对野菜的系统研究和深加工产品的开发才刚刚起步。目前浙江全省野菜的利用还是以农户自采自食或少量进入农贸市场为主。近年来，虽然丽水、温州、宁波、湖州等地相继建立野菜加工厂，但野菜制品还是以干、腌制品为主，产品形式单一，在市场上无竞争力，很难形成野生蔬菜产业的大气候。

据初步调查统计，目前浙江已规模开发的野菜资源不足10%，所开发产品的技术含量较低，开发产品主要局限在保鲜菜、即食菜、干制品和腌制品等传统的初级加工品方面，而对野菜生理活性物质和精深加工产品等方面的研究与生产甚少。如建德、淳安、临安等县（市）有较多的蕨干上市，景宁绿色食品有限公司有小包装的保鲜野菜生产。

野菜市场消费量增加，单靠野生采集已不能满足需求，同时由于采收方法不当、采收过度等问题，导致某些野菜种类濒临灭绝或自然资源面临枯竭。另外，还有很多的潜在资源不能被大家所认识，没有得到开发利用，造成了资源的极大浪费。因此，加大对野菜资源、生产技术、营养成分、加工利用技术等方面的研究，对野菜资源的开发利用和解决农业供给侧结构性矛盾具有重要意义。

总体上，人工栽培技术滞后、生产局限性大等因素是许多野菜得不到充分

利用的重要原因之一。

3. 野菜分类

（1）茎菜类。可作为蔬菜食用的部位是幼茎、根茎和嫩枝。例如：紫萁科的紫萁（*Osmunda japonica*），三白草科的蕺菜（*Houttuynia cordata*），禾本科的苦竹（*Pleioblastus amarus*），蔷薇科的龙牙草（*Agrimonia pilosa*），伞形科的水芹（*Oenanthe javanica*），五加科的天胡荽（*Hydrocotyle sibthorpioides*），碗蕨科的蕨（*Pteridium aquilinum* var. *latiusculum*），楝科的香椿（*Toona sinensis*），酢浆草科的酢浆草（*Oxalis corniculata*），唇形科的豆腐柴（*Premna microphylla*），十字花科的诸葛菜（*Orychophragmus violaceus*），百合科的百合（*Lilium brownii* var. *viridulum*），石蒜科的薤白（*Allium macrostemon*），天门冬科的多花黄精（*Polygonatum cyrtonema*）等。

（2）叶菜类。可作为蔬菜食用的部位是嫩叶和幼苗。例如：菊科的三脉紫菀（*Aster ageratoides*）、庐山风毛菊（*Saussurea bullockii*）、白苞蒿（*Artemisia lactiflora*）、翅果菊（*Lactuca indica*）、甘菊（*Chrysanthemum lavandulifolium*）、马兰（*Aster indicus*）、蒲公英（*Taraxacum mongolicum*）、蒌蒿（*Artemisia selengensis*），马齿苋科的马齿苋（*Portulaca oleracea*），十字花科的荠（*Capsella bursa-pastoris*），忍冬科的攀倒甑（*Patrinia villosa*），唇形科的活血丹（*Glechoma longituba*）、紫苏（*Perilla frutescens*）、大青（*Clerodendrum cyrtophyllum*），车前科的大车前（*Plantago major*），荨麻科的糯米团（*Gonostegia hirta*），十字花科的粗毛碎米荠（*Cardamine hirsuta*），天门冬科的紫萼（*Hosta ventricosa*）等。

（3）花菜类。可作为蔬菜食用的部位是花、花蕾、花序和花苞。例如：姜科的蘘荷（*Zingiber mioga*），阿福花科的萱草（*Hemerocallis fulva*）、黄花菜（*Hemerocallis citrina*），蔷薇科的白鹃梅（*Exochorda racemosa*）、地榆（*Sanguisorba officinalis*），锦葵科的木槿（*Hibiscus syriacus*），莼菜科的莼菜（*Brasenia schreberi*），豆科的锦鸡儿（*Caragana sinica*）等。

（4）果菜类。可作为蔬菜食用的部位是果实、种子及幼嫩荚果。例如：豆科的决明（*Senna tora*），茄科的枸杞（*Lycium chinense*），壳斗科的栗（*Castanea mollissima*），蔷薇科的掌叶覆盆子（*Rubus chingii*）、石斑木（*Rhaphiolepis indica*）、大叶石斑木（*Rhaphiolepis major*）、硕苞蔷薇（*Rosa bracteata*）、金樱子（*Rosa*

laevigata)，鼠李科的长叶冻绿（*Frangula crenata*）等。

（5）根菜类。可作为蔬菜食用的部位是根、块根、根茎和鳞茎。例如：菊科的牛蒡（*Arctium lappa*）、菊芋（*Helianthus tuberosus*），豆科的葛（*Pueraria montana* var. *lobata*），天南星科的魔芋（*Amorphophallus konjac*），天门冬科的黄精（*Polygonatum sibiricum*），桔梗科的羊乳（*Codonopsis lanceolata*）、轮叶沙参（*Adenophora tetraphylla*）、桔梗（*Platycodon grandiflorus*），蓼科的何首乌（*Pleuropterus multiflorus*）、虎杖（*Reynoutria japonica*），百部科的大百部（*Stemona tuberosa*），樟科的山鸡椒（*Litsea cubeba*），唇形科的地蚕（*Stachys geobombycis*）等。

（6）食用菌类。可作为蔬菜食用的部位是食用真菌类的子实体和地衣。例如：枝瑚菌科的红顶枝瑚菌（*Ramaria botrytoides*），口蘑科的松茸（*Tricholoma matsutake*）、香菇（*Lentinus edodes*），牛肝菌科的美味牛肝菌（*Boletus edulis*），木耳科的木耳（*Auricularia auricula*），齿菌科的猴头菇（*Hericium erinaceus*），鬼笔科的长裙竹荪（*Dictyophora indusiata*）和短裙竹荪（*Dictyophora duplicata*）等。

4. 国内外野菜主要研究现状

我国野菜种类多、数量大，依据《中国野菜》可将野菜分为藻菜类、菌菜类、苗菜类、茎菜类、叶菜类、根菜类、花菜类、树芽类、果菜类等9类。常被采食的野菜达100余种，具有开发潜力的野菜约50种。

目前，我国不少省份已进行野菜的开发，赵恒田等统计发现，野菜中具有较大利用规模的种类不足10种，主要包括刺嫩芽、刺五加、桔梗、蒲公英、小根蒜和4种蕨类（猴腿、荚果蕨、紫萁和山蕨）等；可小规模利用的主要有老山芹、蒌蒿、薄荷、紫苏、荠、苦菜、野苋菜等10余种；仅被民间食用的种类有短梗五加、龙须菜、酸模、野猪芽等。

（1）野菜营养成分研究现状。国内外植物与营养学家曾先后对近100种野菜进行了营养成分分析。常丽新等对河北省委陵菜、荠、地肤、蒲公英、猪毛菜、野蒜、白蒿等7种野菜进行了营养成分分析，发现这些野菜均富含粗蛋白、粗灰分、粗纤维及矿质元素钾、钙等，含有人体必需的微量元素铁、铜、锰、锌等。吴水金等在紫背菜、长寿菜、马兰、苦菜、薄荷、新西兰菠菜、春菊、罗勒（九层塔）、羽衣甘蓝9种人工栽培的野菜营养成分分析研究中发现，

9种野菜均含丰富的钾、磷、钙、钠、铁、锌等矿质元素，马兰和九层塔的钾、磷、钙元素含量明显高于其他野菜，特别是马兰的钙含量高达963.75毫克/千克。

许多野菜中还含有大量人体所需的多种氨基酸。孙晓慧等对鸭儿芹、蓝布正、鱼香菜、灰菜、剪刀菜、豆瓣菜、清明菜、水芹8种野菜氨基酸及维生素的含量分析结果表明，8种野菜所含的氨基酸种类丰富，人体必需氨基酸占总氨基酸的30.88%～36.82%。另外，这8种野菜中还含有多种药效氨基酸。许又凯等研究，野生刺芫荽的营养成分中，蛋白质和氨基酸含量均高于栽培的芫荽。赵平娟等研究了热带雨林鸡脚刺、沼菊、蕺菜等28种野菜，结果发现有8种野菜中α–生育酚每100克含量在5毫克以上，其中最高的是酸叶胶藤（每100克鲜样含18.76毫克），水分含量78.76%。

还有其他研究表明，紫萁、蒲公英的胡萝卜素含量（每100克鲜样分别含1.68毫克、7.30毫克）均高于胡萝卜（每100克鲜样含1.35毫克），石沙参的维生素C含量（每100克鲜样含77.70毫克）比大白菜（每100克鲜样含19.00毫克）、菠菜（每100克鲜样含39.00毫克）、胡萝卜（每100克鲜样含12.00毫克）都高。姚玉霞等对马舌菜、蓝花菜的主要营养成分研究发现，两者维生素含量与常见蔬菜中的含量相当或略高。敖特根白音等对234种野菜分析结果显示，有88种野菜的胡萝卜素含量高于5克/千克，而胡萝卜的胡萝卜素含量约为1.35克/千克；80种野菜的维生素C含量高于100克/千克，其中61种野菜的维生素C含量较栽培蔬菜高50～100毫克/千克；34种野菜的核黄素（维生素B_2）含量较栽培蔬菜高0.2克/千克。

（2）野菜驯化栽培技术研究现状。目前野菜人工栽培技术研究不多，大部分野菜是以人工采摘为主，自然资源保护不够，开发利用率低，特殊价值的野菜开发较少。从总体情况来看，目前大多数地区对野菜的人工引种、驯化栽培都处于起步阶段，产业化规模种植很少。有关文献表明，我国目前已开展人工栽培的野菜有30种左右，如我国江苏人工栽培的有白背三七、马兰、艾草、芦蒿、珍珠菜、蒲公英、花叶荠、马齿苋和紫背天葵等9种；云南普洱人工栽培的有紫五加、刺五加、刺苞菜、树头菜、大叶嗅花椒、臭菜、海船、红油香椿、鸡爪菜和刺芫荽等10多个品种；闽南地区人工栽培的有苦菜、长寿菜、紫

背天葵、新西兰菠菜、春菊、羽衣甘蓝、九层塔、马兰和薄荷等9种野菜品种。浙江开发利用较多的野菜种类主要有蕨、香椿、马兰、象牙菜、树参、鱼腥草、鸭儿芹、豆腐柴、马齿苋、荠和水芹等品种。

我国部分学者曾对蕨、藜蒿、紫萁、碱蓬、柳蒿芽、马兰、马齿苋等野菜的人工驯化栽培技术进行了一些研究，并在生产上取得了一定的成效。续晶磊等认为野生蕨的人工驯化栽培分为有性栽培和无性栽培两种方法，并从采根、选地、栽植、肥水管理、采收与加工等方面介绍了无性栽培方法。许又凯等进行了不同光照条件下刺芫荽栽培生物量以及连作和新作的比较试验，结果认为刺芫荽在50%光照条件下生长最好，其次为25%光照，而在100%光照（全光照）条件下生长最差；刺芫荽连作与新作相比，产量减少64%。王爱文等从种子的采集、播种、施肥、田间管理、采收等方面对地梢瓜的人工驯化栽培进行了研究。李蕾等探讨了含有硝化抑制剂DMPP的长效肥料ENTEC对3种野菜（苋菜、闭鞘姜、仙人掌）干物质积累的影响，结果表明：ENTEC对闭鞘姜干物质积累有显著影响，仙人掌干物质积累较尿素处理提高26%；3种野菜生长过程中均表现为施用ENTEC后最高生长速率到达时期推迟，而干物质积累主要时期延长。此外，李蕾等还探讨了长效肥料ENTEC对刺苋干物质积累及其氮素利用的影响研究，认为与尿素相比，ENTEC对提高刺苋干物质积累作用不明显，其最大生长速率出现时间较晚；施用ENTEC的土壤含氮量较高，且下降速度较慢，说明其具有较强的防止氮素流失的作用；同时，ENTEC有利于提高氮素的利用率，施用ENTEC后植株氮素利用率比施用尿素后提高了41.56%；另外，ENTEC能促进刺苋对磷、钾元素的吸收。

在栽培方式研究方面，除了大棚栽培，盆栽种植、叠层管道水栽培等种植方式也可提高野菜附加值。在施肥方面，为促进生长发育，整地前应施入一定量的肥料，如农家肥、有机肥等，有学者建议在有机肥施用过程中加入适当比例的黄腐酸，可以降低山野菜的硝酸盐含量。

在野菜种质资源、生物学特性、抗逆生理机制、驯化栽培机理、产业化开发技术、资源保护与永续利用技术等方面，国内外学者已经做了大量的工作，并取得了许多有价值的研究成果，但对资源种群生产能力、分布式样及种下变异等相关因子，生境与功能因子相关性，药用食用功能因子的测试分析，仿

野生栽培技术，加工适性及工艺等方面的研究还不是很充分，缺少高新技术的应用。

（3）野菜自身毒性的研究。野菜因具有原生态、绿色、环保等特点而被追捧，其营养价值和保健功能也广被宣传，但人们却忽略了野生植物的毒性和不可食用性。有些野菜集有毒植物、食用植物、药用植物于一体，如苋菜、苜蓿等含有一种日光过敏性物质，有人食用后经日光照射会致病；有的野菜全株有毒，如紫云英等；有的则某些部位有毒，如蕨的根茎有毒。部分野菜中含有对人体有害的物质，如亚硝酸盐、有毒生物碱、皂苷、萜类物质、毒蛋白等，如长期或过量食用，会对人体产生较大的副作用。其毒理作用表现为：亚硝酸盐有致畸和致癌性；有毒生物碱类主要损害神经系统，外周迷走神经和感觉神经中毒常表现为先异常兴奋后抑制，能直接影响心脏功能，并发其他脏器的变性坏死，中枢神经中毒可引起视丘、中脑、延脑、脊髓的病毒改变，呼吸中枢中毒可引起呼吸麻痹窒息；皂苷对局部有刺激作用，并能抑制呼吸、损害心脏和肾脏，有溶血作用；萜类物质刺激胃肠道，引起肝细胞损害，对中枢神经系统有抑制作用；毒蛋白对胃肠道有强烈的刺激和腐蚀作用，能引起广泛出血。对野菜自身毒性的研究，目前主要停留在毒性成分的分析上，尚缺乏对其定性和定量的深入探讨。

5. 野菜发展前景

随着经济的发展和人们生活水平的提高，饮食结构日趋多样化，无污染、绿色、具有营养保健功能的野菜的生产将成为食品工业中的一个新兴产业。浙江具有开发利用价值的野菜资源有100多种，资源十分丰富。同时，浙西南山区丰富的山地和气候资源，也为发展人工野菜基地奠定了良好基础。作为长三角经济区后方菜园，浙江野菜的开发利用必将呈现出良好的前景。

Chapter 1

第一章 常见野菜

黄花菜 *Hemerocallis citrina*

阿福花科/萱草属　花期5—9月　果期5—9月

别名：金针菜、柠檬萱草、金针花

● 食用部位　花可食，根入药。

生长环境 主要生于海拔1 900米以下的山坡、山谷、草地、荒地或林缘。浙江丽水缙云人工栽培面积较大。

形态特征 多年生草本植物，植株较高大，株高可达2米；根近肉质，中下部常有纺锤状膨大；叶7～20片，长50～130厘米，宽6～25毫米；花葶长短不一，一般稍长于叶，基部三棱形，上部多圆柱形，有分枝；苞片披针形，下面的长3～10厘米，自下向上渐短，宽3～6毫米；花梗较短，通常不及1厘米；花多朵，最多可达100朵以上；花被淡黄色，有时在花蕾时顶端带黑紫色；花被管长3～5厘米，花被裂片长6～12厘米，内3片宽2～3厘米；蒴果钝三棱状椭圆形，长3～5厘米；种子约20个，黑色，有棱，从开花到种子成熟需40～60天。

食药用价值

花经过蒸、晒、加工去毒后制成金针菜，也可入沸水焯后，凉拌、炒食、做汤。根可酿酒饮，有健胃、通乳、补血、利尿、消肿、安神等功效，用于哺乳期妇女乳汁分泌不足、浮肿、小便不利、神经衰弱等症。

萱草 *Hemerocallis fulva*

阿福花科/萱草属　花期5—7月　果期5—7月

别名：黄花菜、金针花、川草花、忘郁、丹棘、摺叶萱草

● 食用部位　花可食，根及根状茎入药。

生长环境 喜温湿，耐半阴，主要生于各地不同海拔的路边、沟边、田边、溪边。

形态特征 多年生草本植物，根状茎粗短，具肉质纤维根，多数膨大呈窄长纺锤形；叶基生成丛，条状披针形，长30～60厘米，宽约2.5厘米，背面被白粉；夏季开橘黄色大花，花葶长于叶，高达1米以上；圆锥花序顶生，有花6～12朵，花长7～12厘米，花被基部粗短漏斗状，长达2.5厘米，花被6片，开展，向外反卷，外轮3片，宽1～2厘米，内轮3片宽达2.5厘米，边缘稍作波状；雄蕊6枚，花丝长，着生于花被喉部；子房上位，花柱细长。

食药用价值

花入沸水焯后，可凉拌、炒食、做汤，也可经过蒸、晒、加工去毒后制成金针菜。根及根状茎有清热利尿、凉血止血之功效，用于腮腺炎、黄疸、膀胱炎、尿血、小便不利、乳汁缺乏、月经不调、衄血、便血。

野百合 *Lilium brownii*

百合科/百合属　　花期6—7月　　果期7—10月

别名：强蜀、番韭、山丹、倒仙、重迈、中庭、摩罗、重箱、中逢花、百合蒜、夜合花

● 食用部位　鳞茎可食，也可入药。

生长环境 野百合适应性很强，在浙西南山区不同海拔地区均能生长，对气候土壤要求不严格，主要生于海拔100～1 900米的山坡林缘、路边、溪沟边。

形态特征 多年生草本植物，株高60～150厘米。鳞茎球形，淡白色，先端常开放如莲座状，由多数肉质肥厚、卵匙形的鳞片聚合而成。根分为肉质根和纤维状根两类，肉质根称为“下盘根”，多达几十条；纤维状根形状纤细，数目多达180条。有鳞茎和地上茎之分，茎直立，圆柱形，常有紫色斑点，无毛，绿色。叶互生，无柄，披针形至椭圆状披针形，全缘，无毛，叶脉弧形。花大、多白色、漏斗形，单生于茎顶。蒴果长卵圆形，具钝棱。种子多数，卵形，扁平。

食药用价值

鳞茎炒食、炖食、煮食、做汤或熬粥，也可制成百合粉冲饮，具有清热、利湿、解毒、消积之功效，用于痢疾、热淋、喘咳、风湿痹痛、疔疮疖肿、毒蛇咬伤、小儿疳积、恶性肿瘤。

大车前 *Plantago major*

车前科 / 车前属　花期6—8月　果期7—9月

别名：蛤蟆衣、钱贯草、大猪耳朵草

● 食用部位　幼苗及嫩叶可食，全草和种子入药。

生长环境 主要生于不同海拔区域的草地、沟边、沼泽地、山坡、路旁、田边、荒地。

形态特征 二年生或多年生草本植物；须根多数，根茎粗短；叶基生呈莲座状，平卧、斜展或直立；叶片草质、薄纸质或纸质，宽卵形至宽椭圆形，先端钝尖或急尖，边缘波状，疏生不规则牙齿或近全缘，两面生短柔毛或近无毛；叶柄基部鞘状，常被毛；花序1个至数个，花序梗直立或弓曲上升，有纵条纹，被短柔毛或柔毛；穗状花序细圆柱状，基部常间断；苞片宽卵状三角形，龙骨突宽厚；花无梗，萼片先端圆形，边缘膜质，龙骨突不达顶端；花冠白色，无毛，裂片披针形至狭卵形；雄蕊着生于冠筒内面近基部，花药椭圆形，通常初为淡紫色、稀白色，干后变淡褐色；蒴果近球形、卵球形或宽椭圆球形，于中部或稍低处周裂；种子卵形、椭圆形或菱形，具角，腹面隆起或近平坦，黄褐色。

食药用价值

幼苗及嫩叶入沸水焯一下，凉拌、炒食、做汤、做馅均可。全草和种子均可入药，具有清热利尿、祛痰、凉血、解毒功效，用于水肿、尿少、热淋涩痛、暑湿泻痢、痰热咳嗽、吐血、痈肿疮毒。

婆婆纳 *Veronica polita*

车前科/婆婆纳属　　花期3—10月

别名：卵子草、石补钉、双铜锤、双肾草、桑肾子

● 食用部位　嫩叶可食，全草入药。

生长环境 喜光，耐半阴，生于荒地、林缘、路旁、田地及草丛湿地。

形态特征 一年生草本植物，叶多被长柔毛，高10～25厘米；叶仅2～4对，具3～6毫米长的短柄，叶片心形至卵形，长5～10毫米，宽6～7毫米，每边有2～4个深刻的钝齿，两面被白色长柔毛；总状花序，苞片叶状，下部的对生或全部互生；花梗比苞片略短；花萼裂片卵形，顶端急尖，果期稍增大，三出脉，疏被短硬毛；花冠淡紫色、蓝色、粉色或白色，直径4～5毫米，裂片圆形至卵形；雄蕊比花冠短；蒴果近于肾形，密被腺毛，略短于花萼，宽4～5毫米，凹口约为90°角，裂片顶端圆，脉不明显，宿存的花柱与凹口齐或略过之；种子背面具横纹，长约1.5毫米。

食药用价值

嫩叶入水焯熟后凉拌食用。全草入药，有补肾强腰、解毒消肿之效，主治肾虚腰痛、疝气、睾丸肿痛、妇女白带、痈肿。

莼菜 *Brasenia schreberi*

莼菜科 / 莼菜属　花期6月　果期10—11月

别名：湖菜、马蹄菜、水葵、水案板

● 食用部位　嫩茎叶可食，全草入药。

生长环境 性喜温暖，主要生于池塘、河湖或沼泽。

形态特征 多年生水生草本植物；根状茎具叶及匍匐枝，后者在节部生根，并生具叶枝条及其他匍匐枝；叶椭圆状矩圆形，长3.5～6.0厘米，宽5.0～10.0厘米，下面蓝绿色，两面无毛，从叶脉处皱缩；叶柄长25～40厘米，叶柄及花梗均有柔毛；花直径1～2厘米，暗紫色；花梗长6～10厘米；萼片及花瓣条形，长1.0～1.5厘米，先端圆钝；花药条形，约长4毫米；心皮条形，具微柔毛；坚果矩圆卵形，有3个或更多成熟心皮；种子1～2粒，卵形。

食药用价值

莼菜本身没有味道，胜在口感的圆融、鲜美滑嫩，为珍贵蔬菜之一。嫩茎叶入沸水焯后凉拌、做汤羹等。全草入药，具有清热、利水、消肿、解毒的功效，可治热痢、黄疸、痈肿、疔疮。

大青 *Clerodendrum cyrtophyllum*

唇形科/大青属　花期6月至翌年2月　果期6月至翌年2月

别名：野靛青、牛耳青、山尾花、青心草、臭冲柴、山靛青、土地骨皮、路边青

● 食用部位　嫩茎叶可食，根、叶入药。

生长环境 主要生于海拔1 700米以下的丘陵、山地、林下、路旁。

形态特征 多年生灌木或小乔木，高1～10米；幼枝被短柔毛，枝黄褐色；冬芽圆锥状，芽鳞褐色，被毛；叶片纸质，椭圆形或长圆状披针形，长6～20厘米，顶端渐尖或急尖，基部圆形或宽楔形，通常全缘，两面无毛或沿脉疏生短柔毛，背面常有腺点；伞房状聚伞花序，生于枝顶或叶腋，径20～25厘米；苞片线形；花小，有橘香味；萼杯状，外面被黄褐色短茸毛和不明显的腺点，顶端5裂，裂片三角状卵形；花冠白色，外面疏生细毛和腺点，花冠管细长，顶端5裂，裂片卵形；雄蕊4枚，花丝与花柱同伸出花冠外；子房4室，每室1胚珠，常不完全发育，柱头2浅裂；果实球形或倒卵形，径5～10毫米，绿色，成熟时蓝紫色，为红色的宿萼所托。

食药用价值

嫩茎叶用沸水焯后，浸入冷水，以减轻苦味，可用于炒食或煲汤等。根、叶入药，有清热、泻火、利尿、凉血、解毒的功效，用于外感热病热盛烦渴、咽喉肿痛、口疮、黄疸、热毒痢、急性肠炎、痈疽肿毒、衄血、血淋、外伤出血。

丹参 *Salvia miltiorrhiza* var. *miltorrhiza*

唇形科/鼠尾草属　花期4—8月　果期9—10月

别名：红根、赤丹参、紫参、五风花、阴行草

食用部位　嫩叶、根可食，根入药。

生长环境 生于海拔120～1 300米的山坡、林下、草地、路边、溪旁。

形态特征 多年生直立草本植物，株高40～80厘米；根肥厚，肉质，外面朱红色，内面白色；茎直立，四棱形，密被长柔毛，多分枝；奇数羽状复叶，叶柄密被向下长柔毛，小叶3～5，卵圆形或椭圆状卵圆形或宽披针形，边缘具圆齿，草质，两面被疏柔毛，下面较密；轮伞花序6花或多花，组成长4.5～17.0厘米具长梗的顶生或腋生总状花序；苞片披针形，全缘，上面无毛，下面略被疏柔毛；花萼钟形，带紫色，外面被疏长柔毛及具腺长柔毛，具缘毛，内面中部密被白色长硬毛，二唇形，上唇全缘，三角形，下唇深裂成2齿；花冠紫蓝色，外被具腺短柔毛，内面生不完全小疏柔毛环，冠檐二唇形；花柱远外伸；小坚果黑色，椭圆形，长约3.2厘米。

食药用价值

春季采摘嫩叶，入沸水焯熟再用凉水去除苦味，凉拌、炒食；根与肉类炖食或泡茶。根入药，具有活血祛瘀、通经止痛、清心除烦、凉血消痈之功效，用于胸痹心痛、脘腹胁痛、症瘕积聚、热痹疼痛、心烦不眠、月经不调、痛经经闭、疮疡肿痛等症。

地蚕 *Stachys geobombycis*

唇形科 / 水苏属　✿ 花期4—5月

别名：土冬虫草、白冬虫草、白虫草、肺痨草

● 食用部位　块茎可食，全草入药。

生长环境 主要生于海拔170～700米的荒地、田地及草地。

形态特征 多年生草本植物，株高40～50厘米；根茎横走，肉质，肥大，在节上生出纤维状须根；茎直立，四棱形，在棱及节上疏被倒向疏柔毛状刚毛；茎叶长圆状卵圆形，先端钝，基部浅心形或圆形，边缘有整齐的粗大圆齿状锯齿，两面疏被柔毛状刚毛；下部苞叶披针状卵圆形，具短柄或近于无柄，上部苞叶菱状披针形，边缘波齿状，无柄；轮伞花序腋生，4～6花，组成穗状花序；小苞片线状钻形；花萼倒圆锥形，密被微柔毛及具腺微柔毛；花冠淡紫至紫蓝色，亦有淡红色，冠筒圆柱形，等粗，上面被微柔毛，余部无毛，冠檐二唇形，上唇直伸，长圆状卵圆形，被微柔毛，下唇水平开展，轮廓卵圆形，被微柔毛，3裂；雄蕊4枚；花丝丝状，被微柔毛，花药卵圆形，2室；花柱丝状，略超出雄蕊，先端相等2浅裂；子房黑褐色，无毛。

食药用价值

块茎与肉类炖食或腌制酱菜。全草可入药，具有益肾润肺、滋阴补血、清热除烦之功效，常用于肺结核咳嗽、肺虚气喘、吐血、盗汗、贫血、小儿疳积。

豆腐柴 *Premna microphylla*

唇形科/豆腐柴属　花期4—6月　果期5—7月

别名：腐婢、臭黄荆、豆腐木、豆腐草、观音柴、凉粉柴

● 食用部位　叶可食，根、茎、叶入药。

生长环境 喜光、喜湿润，耐旱、耐瘠薄，生于海拔1 400米以下的山谷、丘陵、山坡、灌木丛中、竹林下、沟谷边。

形态特征 多年生落叶灌木，为热地型灌木，是中生植物，株高2～6米，小枝棕褐色，幼枝有柔毛，老枝渐无毛。叶纸质，揉之有异味，单叶对生，叶柄长0.5～2.0厘米；叶片卵状披针形、倒卵形或椭圆形，长3.0～13.0厘米，宽1.5～5.0厘米，基部楔形下延，全缘或具不规则粗齿，先端急尖至长渐尖，无毛或有短柔毛；侧脉3～4对，于两面稍隆起。聚伞花序组成顶生塔形圆锥花序；花萼杯状，花冠漏斗状，淡黄色；雄蕊4枚（2长2短），雌蕊1枚，子房上位，柱头2裂；核果倒卵形至近球形，径约6毫米，熟时紫黑色。

食药用价值

浙江丽水、温州等地民间使用豆腐柴叶制成“神仙豆腐”“绿豆腐”，即在豆腐柴叶加水搓揉后的滤汁中加入草木灰或钙片等制成的一种清鲜嫩绿的叶豆腐。豆腐柴叶和嫩枝含有大量的果胶、蛋白质、纤维素及丰富的矿物元素，果胶提取后常用于食品工业中的胶凝剂、稳定剂与增稠剂。豆腐柴的根、茎、叶均可入药，具有清热解毒、消肿止痛、收敛止血等功效，内服可治疗痢疾，外用治疗烧伤、淋巴结炎、毒蛇咬伤等症。

藿香 *Agastache rugosa*

唇形科/藿香属　花期7—8月　果期8—9月

别名：野薄荷、山薄荷、把蒿、拉拉香、排香草

● 食用部位　嫩茎叶可食，全草入药。

生长环境 喜湿润气候，野生于溪沟边、草丛中、山谷及水旁阴湿处。在浙江松阳、遂昌等地有人工栽培。

形态特征 多年生草本植物，株高50～150厘米；茎直立，四棱形，被倒向的短毛，常带紫色；单叶对生，具长柄，叶片披针形至卵状披针形，先端尾尖，基部圆形或宽楔形，具粗齿，两面仅在脉上被短毛及散生黄色腺点；轮伞花序，生于茎或分枝上部；苞叶边缘下部有细长芒状刺，小苞片两侧具长芒状刺毛；花萼被金黄色腺点及短毛，脉常带紫色，2裂至近中部；花冠淡蓝紫色，外面被白色短毛和金黄腺点，上唇稍向下弯，先端微凹，下唇3裂，中裂片较大，2裂，具深紫色斑点；雄蕊4枚，花药叉状分开，花丝无毛；子房4裂，花柱无毛，柱头2裂；小坚果卵球状长圆形，有三棱，顶端具短硬毛，褐色，光滑。

食药用价值

嫩茎叶可炒食、掺面蒸食，也可榨汁或做调味剂、香料，还可配酒、冲茶等，在浙江遂昌、松阳一带常作为调味料。全草入药，有芳香化浊、和中止呕、发表解暑之效，用于呕吐、发热、胸闷、中暑、腹痛、吐泻、头痛等症。

尖齿臭茉莉 *Clerodendrum lindleyi*

唇形科 / 大青属　花期6—11月　果期6—11月

别名：鬼点火、臭牡丹、臭茉莉

● 食用部位　根、叶、花可食，全株入药。

生长环境 主要生于海拔650～1 500米的山坡、沟边、林下、路边。

形态特征 灌木，树高0.5～3.0米；幼枝近四棱形，老枝近圆形，皮孔不显，被短柔毛；叶片纸质，宽卵形或心形，两面有短柔毛，叶缘有不规则锯齿或波状齿；叶柄长2～11厘米，被短柔毛；伞房状聚伞花序密集，顶生，花序梗被短柔毛；苞片多，披针形，长2.5～4.0厘米，被短柔毛、腺点和少数盘状腺体；花萼钟状，密被柔毛和少数盘状腺体，萼齿线状披针形；花冠紫红色或淡红色，花冠管长2～3厘米，裂片倒卵形；雄蕊与花柱伸出花冠外，花柱长于雄蕊；核果近球形，成熟时蓝黑色，为紫红色宿萼所包。

食药用价值

根、叶、花与肉类炖食。全株入药，有祛风活血、消肿降压的功效，用于妇女月经不调、风湿骨痛、骨折、中耳炎、毒疮、湿疹等症。

夏枯草 *Prunella vulgaris* var. *vulgaris*

唇形科 / 夏枯草属　花期4—6月　果期7—10月

别名：田螺草花、牛低代头、灯笼草、古牛草、羊蹄尖、金疮小草、土枇杷

● 食用部位　嫩叶、果穗可食，全株入药。

生长环境 主要生于不同海拔的荒坡、草地、溪边、路旁等湿地。

形态特征 多年生草本植物；根茎匍匐，节上生须根；茎高20～30厘米，基部多分枝，钝四棱形，紫红色，被稀疏的糙毛或近于无毛；茎叶卵状长圆形或卵圆形，长1.5～6.0厘米，宽0.7～2.5厘米，先端钝，基部圆形、截形至宽楔形，具不明显的波状齿或几近全缘，草质，具短硬毛或几无毛；苞叶近卵圆形，无柄或具不明显的短柄；轮伞花序密集组成长2～4厘米的顶生穗状花序；苞片宽心形，浅紫色；花萼钟形，筒倒圆锥形，上唇扁平，近扁圆形，下唇较狭，2深裂；花冠紫、蓝紫或红紫色，外面无毛，内面具鳞毛环，冠檐二唇形，上唇近圆形，下唇3裂，侧裂片长圆形；雄蕊4枚，花丝略扁平，花药2室，室极叉开；花柱纤细，先端相等2裂，裂片钻形，外弯；花盘近平顶；子房无毛；小坚果黄褐色，长圆状卵珠形，微具沟纹。

食药用价值

嫩叶入沸水焯后，可凉拌、炒食、熬汤、煮粥；果穗与肉类炖食。全株入药，有清火明目之功效，能治疗目赤肿痛、头痛等。

野芝麻 *Lamium barbatum*

唇形科 / 野芝麻属　花期4—6月　果期7—8月

别名：龙脑薄荷、山苏子、山麦胡、野藿香、地蚤、近无毛野芝麻、坚硬野芝麻、硬毛野芝麻

● 食用部位　叶可食，全草入药。

生长环境 主要生于不同海拔区域的路边、溪旁、林缘、田埂及荒坡上。

形态特征 多年生草本植物，根茎有地下匍匐枝；茎高达1米，单生，直立，四棱形，中空，几无毛；茎下部的叶卵圆形或心脏形，先端尾状渐尖，基部心形，茎上部的叶卵圆状披针形，叶缘有牙齿状锯齿，两面均被短硬毛；轮伞花序4～14花；苞片狭线形或丝状，锐尖，具缘毛；花萼钟形，外面疏被伏毛，膜质，萼齿披针状钻形，具缘毛；花冠白或浅黄色，冠筒稍上方呈囊状膨大，上部被毛，冠檐二唇形，上唇直立，倒卵圆形或长圆形，边缘具缘毛及长柔毛，下唇3裂，中裂片倒肾形，侧裂片半圆形，先端有针状小齿；花药深紫色，被柔毛；花柱丝状，先端近相等2浅裂；花盘杯状；子房裂片长圆形，无毛；小坚果倒卵圆形，先端截形，基部渐狭，淡褐色。

食药用价值

叶可作调味剂、香料，与肉类煮熟可增加后者的香味。全草入药，有凉血止血、活血止痛、利湿消肿之效，用于肺热咳血、血淋、月经不调、崩漏、水肿、白带、胃痛、小儿疳积、跌打损伤、肿毒等症。

硬毛地笋 *Lycopus lucidus* var. *hirtus*

唇形科/地笋属　花期6—9月　果期9—11月

别名：地石蚕

● 食用部位　根茎可食，全草入药。

生长环境 喜温暖和湿润环境，主要生于海拔1 900米以下的沼泽地、水边等潮湿处。

形态特征 多年生草本植物，株高50～160厘米；根状茎横走，白色，肥厚肉质，茎节明显，节上密生须根，先端膨大呈圆柱形；茎直立，单一而少分枝，四棱形，四面均有浅纵沟，着生白色茸毛，部中空，叶对生，具短柄或无柄，狭披针形，长4.0～8.0厘米，宽1.0～1.5厘米，叶缘有粗锯齿，下面密生腺点；轮伞花序腋生，多花密集；花两性，两侧对生；花冠白色，不明显二唇形，上唇近圆形，下唇3裂，中裂片较大；雄蕊4枚，前对雄蕊能育，后对退化为丝状假雄蕊；雌蕊由2心皮组成，子房上位；小坚果倒卵状四边形，有腺点，暗褐色。

食药用价值

根茎可鲜用或制成腌菜。全草入药，乃《本草经》著录的泽兰正品，为妇科要药，能通经利尿，对产前产后诸病有效。根通称地笋，可食，又为金疮肿毒良剂，并治风湿关节痛。

紫苏 *Perilla frutescens*

唇形科/紫苏属　花期7—10月　果期9—11月

别名：白苏、赤苏、红苏、黑苏、白紫苏

● 食用部位　嫩茎叶可食，茎叶和籽实入药。

生长环境 适应性强，喜温暖、湿润，较耐高温，野生于路边、地边、低山疏林下、林缘旱地等。浙江各地均有野生或栽培。

植物形态 一年生草本植物，茎高0.3～2.0米，绿色或紫色，钝四棱形，具四槽，密被长柔毛；叶阔卵形或近圆形，边缘有粗锯齿，长7.0～13.0厘米，宽4.5～10.0厘米，先端短尖或突尖；叶柄背腹扁平，密被长柔毛；轮伞花序2花，组成长1.5～15.0厘米、密被长柔毛、偏向一侧的顶生及腋生总状花序；苞片宽卵圆形或近圆形，先端具短尖，外被红褐色腺点，无毛，边缘膜质；花梗密被柔毛；花萼钟形，10脉，直伸，下部被长柔毛，夹有黄色腺点；花柱先端相等2浅裂；花盘前方呈指状膨大；小坚果近球形，灰褐色，具网纹。

食药用价值

叶片可作调味香料，常作为烹饪鱼类等的去腥调料，与肉类煮熟可增加后者的香味。入药部分以茎叶及籽实为主，具有散寒解表、宣肺化痰、行气和中、安胎、润肠之功效，可治疗感冒、气郁、食滞、胸膈、胸腹疼痛、胎气不和。种子可榨油，供食用又有防腐作用。

白车轴草 *Trifolium repens*

豆科 / 车轴草属　花期5—10月　果期5—10月

别名：白三叶、三叶草、白花三叶草

● 食用部位　全草可食，也可入药。

生长环境 适应性广，耐热耐寒性强，可在酸性土壤中旺盛生长，主要生于山沟、草地、河岸、路边。

形态特征 多年生草本植物，株高10～30厘米；主根短，侧根和须根发达；茎匍匐蔓生，上部稍上升，节上生根，全株无毛；掌状三出复叶；托叶卵状披针形，膜质，基部抱茎成鞘状，离生部分锐尖；叶柄较长；小叶倒卵形至近圆形，中脉在下面隆起，侧脉约13对，两面均隆起，近叶边分叉并伸达锯齿齿尖；小叶柄微被柔毛；花序球形，顶生，具花20～50朵，密集；总花梗甚长，比叶柄长近1倍；无总苞；苞片披针形，膜质，锥尖；花梗比花萼稍长或等长；萼钟形，具脉纹10条，无毛；花冠白色、乳黄色或淡红色，具香气；旗瓣椭圆形，比翼瓣和龙骨瓣长近1倍，龙骨瓣比翼瓣稍短；子房线状长圆形，花柱比子房略长；荚果长圆形，种子通常3粒，阔卵形。

食药用价值

全草入沸水煮5分钟，捞出沥干水分，可凉拌、炒食、煮汤。全草入药，有清热、凉血、宁心之功效，可治痔疮出血。

葛 *Pueraria montana* var. *lobata*

豆科/葛属　　✿ 花期7—9月　　果期10—12月

别名：葛根、野山葛、山葛藤、越南葛藤、葛麻姆

● 食用部位　根可食用，根、藤茎、叶、花、种子入药。

生长环境 适应性非常强，主要生于各海拔区域的山坡、林缘、路旁、灌丛、林间、田边等。

形态特征 藤本植物，顶生小叶宽卵形，长大于宽，长9～18厘米，宽6～12厘米，先端渐尖，基部近圆形，通常全缘，侧生小叶略小而偏斜，两面均被长柔毛，下面毛较密；总状花序，长15～30厘米，中部以上有颇密集的花；花冠长12～15毫米，旗瓣圆形。

食药用价值

葛根可以凉拌生吃，也可与其他食材煲汤、煮粥食用。葛根、藤茎、叶、花、种子均可入药，葛根药用价值最高。葛根味甘辛、性平，有升阳解肌、透疹止泻、除烦止渴之功效，用于伤寒、温热头痛、烦热消渴、泄泻、痢疾、斑疹不透、高血压、心绞痛、耳聋等症的治疗。葛粉可以制成各种各样的美味食用。

胡枝子 *Lespedeza bicolor*

豆科/胡枝子属　花期7—9月　果期9—10月

别名：萩、胡枝条、扫皮、随军茶

● 食用部位　花蕾可食，根皮及花入药。

生长环境 适应性强，主要生于海拔150～1 000米的山坡、林缘、路旁、灌丛及林间。

形态特征 直立落叶灌木，株高0.5～2.0米；羽状复叶具3小叶，顶生小叶宽椭圆形或卵状椭圆形，长3.0～6.0厘米，宽1.5～4.0厘米，先端圆钝或微缺，有小尖，基部圆形，上面疏生平伏短毛，下面毛较密，侧生小叶较小；总状花序腋生，较叶长；花梗无关节；萼杯状，萼齿4，披针形，与萼筒等长，有白色短柔毛；花冠白色；旗瓣长约1.2厘米，无爪，翼瓣长约1.0厘米，有爪，龙骨瓣与旗瓣等长，基部有长爪；荚果斜卵形，长约10毫米，宽约5毫米，网纹明显，有密柔毛。

食药用价值

花蕾可直接炒食。根皮及花入药，白花味甘，性平，镇咳祛痰，用于急慢性气管炎、支气管炎、肺结核等症，根有清热解毒之功效。

锦鸡儿 *Caragana sinica*

豆科/锦鸡儿属　花期4—5月　果期7月

别名：金雀花、金姜花、洋袜脚子、娘娘袜、长爪红花锦鸡儿

● 食用部位　花蕾可食，根皮和花入药。

生长环境 主要生于海拔300～800米的山坡、林缘、路边、墙边、灌丛。

形态特征 落叶灌木，株高可达2米，小枝无毛；羽状复叶有小叶2对；托叶三角形，硬化成针刺；叶轴脱落或硬化成针刺而宿存；小叶羽状排列，在短枝上的有时为假掌状排列，倒卵形或长圆状倒卵形，上部1对通常较大，革质，先端圆或微缺，具刺尖或无，基部楔形或宽楔形；花单生，花梗长约1厘米，中部具关节；花萼钟状，基部偏斜；花冠黄色，常带红色，旗瓣窄倒卵形，翼瓣稍长于旗瓣，瓣柄与瓣片近等长，耳短于瓣柄，龙骨瓣稍短于翼瓣；子房无毛；荚果圆筒形，长30～35毫米，宽约5毫米。

食药用价值

花蕾可炒食、做汤、熬粥或凉拌。根皮、花可入药，有祛风活血、舒筋、除湿利尿、止咳化痰之功效，用于高血压病、头晕耳鸣、体弱乏力、月经不调、乳汁不足、风湿关节痛、跌打损伤等。

救荒野豌豆 *Vicia sativa*

豆科 / 野豌豆属　　花期4—7月　果期7—9月

别名：苕子、马豆、野毛豆、雀雀豆、山扁豆、草藤、野菉豆、野豌豆

● 食用部位　嫩茎叶、嫩荚果和根可食，全草入药。

生长环境 主要生于海拔50米以上的山坡、荒山、田边、草丛及林中。

形态特征 一年生或二年生草本植物，高15～90厘米；茎斜升或攀缘，单一或多分枝，具棱，被微柔毛；偶数羽状复叶，长2～10厘米，叶轴顶端卷须有2～3分支；托叶戟形，通常2～4裂齿；小叶2～7对，长椭圆形或近心形，先端圆或平截，有凹，具短尖头，基部楔形，侧脉不甚明显，两面被贴伏黄柔毛；花1～2朵腋生，近无梗；萼钟形，外面被柔毛，萼齿披针形或锥形；花冠紫红色或红色，旗瓣长倒卵圆形，翼瓣短于旗瓣，长于龙骨瓣；子房线形，微被柔毛，胚珠4～8粒，子房具柄短，花柱上部被淡黄白色髯毛；荚果线长圆形，长4～6厘米，种子间缢缩，有毛，成熟时背腹开裂，果瓣扭曲。种子4～8粒，圆球形，棕色或黑褐色。

食药用价值

嫩茎叶和嫩荚果可食，根可以生吃，煮熟后味道更好。全草药用，有清热、消炎解毒之效。种子有毒不可食用。

紫藤 *Wisteria sinensis* f. *sinensis*

豆科 / 紫藤属　花期4—5月　果期5—8月

别名：紫藤萝、白花紫藤

● 食用部位　花瓣可食，茎或茎皮入药。

生长环境 野生常生于土层深厚、排水良好的地方。可人工栽植。

形态特征 落叶藤本植物，茎左旋，枝较粗壮，嫩枝被白色柔毛，后秃净。奇数羽状复叶，长15～25厘米；托叶线形，早落；小叶3～6对，纸质，卵状椭圆形至卵状披针形，上部小叶较大，基部1对最小，先端渐尖至尾尖，基部钝圆或楔形，或歪斜，嫩叶两面被平伏毛，后秃净；小叶柄被柔毛；小托叶刺毛状，宿存。总状花序，长15～30厘米，径8～10厘米，花序轴被白色柔毛；苞片披针形，早落；花长2.0～2.5厘米，芳香；花萼杯状，密被细绢毛，花冠紫色，旗瓣圆形，先端略凹陷，花开后反折，基部有2胼胝体，翼瓣长圆形，基部圆，龙骨瓣较翼瓣短，阔镰形，子房线形，密被茸毛，花柱无毛，上弯，胚珠6～8粒；荚果倒披针形，长10～15厘米，宽1.5～2.0厘米，密被茸毛，悬垂枝上不脱落。种子1～3粒，褐色，具光泽，圆形，扁平。

食药用价值

花瓣可炒食、做馅或熬粥。紫萝饼、紫藤糕、紫藤粥、炸紫藤鱼、凉拌葛花、炒葛花菜，都是加入紫藤花做成的美味，有止痛、杀虫之效。茎或茎皮入药，有利水、除痹、杀虫的功效。嫩豆荚和种子不可食用。

刚竹 *Phyllostachys sulphurea* var. *viridis*

禾本科/刚竹属　　花枝未见　笋期5月中旬

● 食用部位　幼芽（笋）可食，根、果实入药。

生长环境 适合在土层较肥厚、湿润而又排水良好的沙质壤土地带生长，红、黄黏土及薄沙干旱的地块则不宜生长。浙江山地主要生于低山坡、山脚平地。

形态特征 秆高6～15米，直径4～10厘米，幼时无毛，微被白粉，绿色，后呈绿色或黄绿色；中部节间长20～45厘米；秆环在较粗大的秆中于不分枝的各节上不明显；箨环微隆起；箨鞘无毛，微被白粉，有淡褐色或褐色略呈圆形的斑点及斑块；箨耳及鞘口缝毛俱缺；箨舌拱形或截形，边缘生纤毛；箨片狭三角形至带状，外翻，微皱曲，绿色，但具橘黄色边缘；末级小枝有2～5叶；叶鞘几无毛或仅上部有细柔毛；叶耳及鞘口缝毛均发达；叶片长圆状披针形或披针形，长5.6～13.0厘米，宽1.1～2.2厘米。

食药用价值

笋入沸水焯后，炒食、做馅或炖汤，也可腌制或晒干食用。以根、果实入药，有祛风热、通经络、止血之功效，主治风热咳嗽、气喘、四肢顽痹、筋骨疼痛、妇女血崩。

蘘荷 *Zingiber mioga*

姜科/姜属　花期7—9月　果期9—11月

别名：阳荷、洋合、山姜、莲花姜、野姜等

● 食用部位　嫩芽及花苞可食，枝叶、根茎、花果入药。

生长环境 分布在浙西南山区景宁、云和、龙泉等地海拔100～1 900米的山坡林下、菜地、溪沟边、田边等，主要分布在海拔500米以上。

形态特征 多年生草本植物，株高可达1.5米；根茎白色，微有芳香味；叶片披针形或椭圆状披针形，叶背被极疏柔毛至无毛；叶舌膜质；花序近卵形，苞片红色，宽卵形或椭圆形，花萼膜质；花冠管白色，裂片长圆状披针形，白色或稍带黄色，唇瓣倒卵形，浅紫色，花丝极短，花药室披针形；蒴果内果皮红色；种子黑色。

食药用价值

蘘荷全身均具有独特的香味，其嫩芽、茎、果味道鲜美，含有丰富的维生素、多种氨基酸以及有“第七大营养元素”之称的膳食纤维，是浙西南一种特色山珍。春季可采其刚出土的嫩芽凉拌或炒食，鲜香可口；夏季可采其红色花苞炒食或与辣椒制成泡菜，风味独特；秋季可将其花盐渍、酱腌或炒肉。同时，蘘荷也具有极好的药用价值，其枝叶、根茎、花果具有消肿解毒、祛风止痛、止咳平喘、化积健胃的功效。

如意草 *Viola arcuata*

堇菜科 / 堇菜属　花期较长　果期较长

别名：小叶堇菜、阿勒泰堇菜、堇菜

● 食用部位　幼苗及嫩茎尖可食，全草入药。

生长环境 主要生于溪谷、潮湿地、沼泽地、灌丛、林缘。

形态特征 多年生草本植物；根状茎横走，地上茎丛生，匍匐枝蔓生；基生叶深绿色，三角状心形或卵状心形，先端急尖，基部通常宽心形，边缘具浅而内弯的疏锯齿，具长柄；茎生叶及匍匐枝上的叶片与基生叶的叶片相似，叶柄较短；花淡紫色或白色，具长梗，在花梗中部以上有2枚线形小苞片；萼片卵状披针形；花瓣狭倒卵形，侧方花瓣具暗紫色条纹，里面基部疏生短须毛，下方花瓣较短，有明显的暗紫色条纹；下方雄蕊之距粗而短，其长度与花药近相等，末端圆；子房无毛，花柱呈棍棒状，柱头2裂，两侧裂片肥厚，向上直立，中央部分隆起呈鸡冠状，在前方裂片间的基部具向上撅起的短喙；蒴果长圆形，无毛，先端尖；种子卵状，淡黄色，基部一侧具膜质翅。

食药用价值

幼苗及嫩茎尖入沸水焯后凉拌、炒食、做汤、做馅、熬粥等。全草入药，具有清热解毒、散瘀止血之功效，常用于疮疡肿毒、乳痈、跌打损伤、开放性骨折、外伤出血、蛇伤。

冬葵 *Malva verticillata* var. *crispa*

锦葵科 / 锦葵属　✿ 花期5—9月

别名：马蹄菜、冬寒菜、冬苋菜、茴菜、滑滑菜、奇菜

● 食用部位　幼苗及嫩茎叶可食，全株入药。

生长环境 一般野生于山野、水边湿地、路旁，浙江松阳等地人工栽培于菜圃、田头地角或荒坡地。

形态特征 一年生草本植物，株高0.5～1.5米；茎直立，不分枝，被柔毛；叶圆形，常5～7裂或角裂，基部心形，裂片三角状圆形，边缘具细锯齿，并极皱缩扭曲，两面无毛至疏被糙伏毛或星状毛，在脉上尤为明显；叶柄瘦弱，疏被柔毛；花小，白色，单生或几个簇生于叶腋，近无花梗至具极短梗；小苞片3层，披针形，疏被糙伏毛；萼浅杯状，5裂，裂片三角形，疏被星状柔毛；花瓣5个，较萼片略长；果扁球形，分果爿10～11裂，网状，具细柔毛；种子肾形，暗黑色。

食药用价值

幼苗或嫩茎叶可炒食、做汤、做馅，老叶可晒干制粉，与面粉一起蒸食。全株可入药，有利尿、催乳、润肠、通便的功效，用于肺热咳嗽、热毒下痢、黄疸、二便不通、丹毒等病症，脾虚肠滑者忌食，孕妇慎食。

木槿 *Hibiscus syriacus*

锦葵科/木槿属　花期7—10月

别名：无穷花、朝开暮落花、新米花、咏棉花

● 食用部位　花可食，根皮、茎皮及花入药。

生长环境 野生于山沟、山坡、林缘或灌丛中，浙江遂昌、龙泉等地有人工种植。

形态特征 多年生落叶灌木，高3～4米，小枝密被黄色星状茸毛；叶菱形至三角状卵形，长3～10厘米，宽2～4厘米，具深浅不同的3裂或不裂，先端钝，基部楔形，边缘具不整齐齿缺，下面沿叶脉微被毛或近无毛；花单生于枝端叶腋间，花萼钟形，长14～20毫米，被星状短茸毛，裂片5，三角形；花朵色彩有纯白、淡粉红、淡紫、紫红等，花形呈钟状，有单瓣、复瓣、重瓣几种；蒴果卵圆形，直径约12毫米，密被黄色星状茸毛；种子肾形，背部被黄白色长柔毛。

食药用价值

花可炒食、做汤或熬粥，浙江遂昌、龙泉一带主要作为鱼火锅烫菜或炒食。根皮、茎皮及花均可入药，有清热利湿、凉血解毒之功效，可用于治疗反胃、痢疾、脱肛、吐血、下血、痄腮、白带过多等症。

垂盆草 *Sedum sarmentosum*

景天科 / 景天属　花期5—7月　果期8月

别名：豆瓣菜、石头菜、火连草、爬景天、三叶佛甲草

● 食用部位　嫩茎叶可食，全草入药。

生长环境 生于海拔1 600米以下的山坡、石际、沟边、溪边及路旁湿润处。

形态特征 多年生草本植物；茎细弱，匍匐而节上生根，长10～25厘米；3叶轮生，叶倒披针形至长圆形，先端近急尖，基部急狭且有距，全缘；聚伞花序顶生，3～5分枝，花稀疏，无梗；萼片5枚，披针形至长圆形；花瓣5枚，黄色，披针形至长圆形，先端有长尖头；雄蕊10枚，两轮；心皮5枚，略叉开，每心皮含10粒以上胚珠；种子细小，卵形，具细乳头状突起。

食药用价值

茎叶脆嫩多汁，微酸，可作蔬菜食用。嫩茎叶入沸水焯熟，浸入凉水去苦味，可凉拌、炒食或炖食。全草入药，性凉、味甘淡微酸，有清热解毒之功效。

珠芽景天 *Sedum bulbiferum*

景天科/景天属 ✿花期4—5月

别名：鼠芽半枝莲

● 食用部位　嫩茎叶可食，全草入药。

生长环境 生于海拔1 000米以下低山、平地、溪边、树荫下。

形态特征 多年生草本植物，根须状；茎高7～22厘米，茎下部常横卧；叶腋常有圆球形、肉质、小型珠芽着生；基部叶常对生，上部的互生，下部叶卵状匙形，上部叶匙状倒披针形，长10～15毫米，宽2～4毫米，先端钝，基部渐狭；花序聚伞状，3分枝，常再二歧分枝；萼片5，披针形至倒披针形，长3～4毫米，宽1毫米，有短距，先端钝；花瓣5，黄色，披针形，长4～5毫米，宽1.25毫米，先端有短尖；雄蕊10枚，长3毫米；心皮5，略叉开，基部1毫米合生，全长4毫米（含1毫米长花柱）。

食药用价值

嫩茎叶入沸水焯熟，凉拌、炒食或炖食。全草入药，具有清热解毒、凉血止血、截疟之功效，用于热毒痈肿、牙龈肿痛、毒蛇咬伤、血热出血、外伤出血、疟疾等症。

金钱豹 *Campanumoea javanica*

桔梗科 / 金钱豹属　　✿ 花期（5）8—9（11）月

别名：土党参、野党参果、算盘果、土人参

● 食用部位　幼苗、嫩茎叶及果实可食，根入药。

生长环境 生于海拔2 400米以下的灌丛及疏林中。

形态特征 缠绕藤本植物，具乳汁，具胡萝卜状根；茎无毛，多分枝；叶对生，极少互生，具长柄，叶片心形或心状卵形，边缘有浅锯齿，极少全缘，长3～11厘米，宽2～9厘米，无毛或有时背面疏生长毛；花单朵生叶腋，各部无毛，花萼与子房分离，5裂至近基部，裂片卵状披针形或披针形，长1.0～1.8厘米；花冠上位，白色或黄绿色，内面紫色，钟状，裂至中部；雄蕊5枚；柱头4～5裂，子房和蒴果5室；浆果黑紫色、紫红色，球状；种子不规则，常为短柱状，表面有网状纹饰。

食药用价值

嫩苗及嫩茎叶入沸水焯熟，凉拌、炒食、煮食或蒸食。果实味甜，可直接食用。根入药，有清热、镇静之功效，可治疗神经衰弱等症。

白苞蒿 *Artemisia lactiflora*

菊科 / 蒿属　花期8—11月　果期8—11月

别名：鸭脚艾、四季菜、土三七、珍珠花菜、野芫荽

● 食用部位　幼苗及嫩茎叶可食，全草入药。

生长环境 喜温暖，较耐低温，主要生于浙江丽水等地1 900米以下的林下、林缘、山沟、路边等。

形态特征 多年生草本植物，株高50～150厘米；主根明显，侧根细而长，根状茎短；叶上面疏被腺状柔毛；基生叶与茎下部叶宽卵形或长卵形，二回或一至二回羽状全裂，叶柄长；中部叶卵圆形或长卵形，二回或一至二回羽状全裂，稀深裂，每侧3～4裂片，裂片或小裂片卵形、长卵形、倒卵形或椭圆形，基部与侧边中部裂片长2～8厘米，常有细小假托叶；上部叶与苞片叶羽状深裂或全裂；头状花序长圆形，总苞片半膜质或膜质，背面无毛，外层总苞片卵形，中、内层总苞片长圆形、椭圆形或近倒卵状披针形；花柱细长，花冠管状，花药椭圆形；瘦果倒卵形或倒卵状长圆形。

食药用价值

嫩茎叶、幼苗入沸水焯熟后，凉拌或炒食。全草入药，有清热、解毒、止咳、消炎、活血、散瘀、通经等功效。

翅果菊 *Lactuca indica*

菊科 / 莴苣属　花期7—10月　果期7—10月

别名：山莴苣、山马草、苦莴苣、野莴苣

● 食用部位　嫩茎叶可食，根或全草入药。

生长环境 喜温暖湿润气候，生于路边、荒野、田边、荒地、草坡等地。

形态特征 一年生或二年生草本植物，根垂直直伸，生多数须根；茎直立，单生，一般株高0.3～0.6米，最高可达2米，无毛；茎生叶线形，无柄，两面无毛，中部茎生叶边缘大部全缘或仅基部或中部以下两侧边缘有小尖头或稀疏细锯齿或尖齿，或茎生叶线状长椭圆形、长椭圆形或倒披针状长椭圆形，中下部茎生叶边缘有稀疏的尖齿或几全缘；头状花序果期卵球形，排成圆锥花序或总状圆锥花序；总苞片4层，外层卵形或长卵形，顶端急尖或钝，中内层长披针形或线状披针形，顶端钝或圆形，全部苞片边缘染紫红色；舌状小花25枚，黄色；瘦果椭圆形，黑色，边缘有宽翅，顶端急尖或渐尖成0.5～1.5毫米细或稍粗的喙，每面有1条细纵脉纹；冠毛2层，白色，几为单毛状。

食药用价值

嫩茎叶可作蔬菜，也可作为家畜、家禽和鱼的优良饲料及饵料。根或全草可入药，具有清热解毒、活血、止血的功效。

刺儿菜 *Cirsium arvense* var. *integrifolium*

菊科/蓟属　花期5—9月　果期5—9月

别名：野刺儿菜、野红花、大小蓟、小蓟、大蓟、小刺盖、蓟蓟芽、刺刺菜

● 食用部位　幼苗可食，根入药。

生长环境 适应性非常强，主要生于海拔1 900米以下的山坡、河旁或荒地、田间。

形态特征 多年生草本植物，茎直立，一般株高30～80厘米；基生叶和中部茎叶椭圆形、长椭圆形或椭圆状倒披针形，顶端钝或圆形，基部楔形，通常无叶柄，上部茎叶渐小，椭圆形或披针形或线状披针形，全部茎叶不分裂，叶缘有细密的针刺，或叶缘有刺齿；大部茎叶羽状浅裂或半裂或边缘粗大圆锯齿，裂片或锯齿斜三角形，顶端钝，齿顶及裂片顶端有较长的针刺；全部茎叶两面无毛；头状花序单生茎端，或排成伞房花序；总苞卵形、长卵形或卵圆形，总苞片约6层，覆瓦状排列，向内层渐长，内层及最内层长椭圆形至线形，先端有短针刺；小花紫红色或白色；瘦果淡黄色，椭圆形或偏斜椭圆形，顶端斜截形；冠毛污白色，多层。

食药用价值

幼苗入沸水焯后，凉拌、炒食、做汤、熬粥，也可腌制。刺儿菜鲜根具有凉血止血、祛瘀消肿的功效，可治疗衄血、吐血、尿血、便血、崩漏下血、外伤出血、痈肿疮毒。

稻槎菜 *Lapsanastrum apogonoides*

菊科 / 稻槎菜属　花期3—6月　果期3—6月

别名：鹅里腌、回荠

● 食用部位　幼苗可食，全草入药。

生长环境 生于田野、路边、山坡及空旷的坡地。

形态特征 一年生矮小草本植物，高7～20厘米；茎细，自基部发出多数或少数的簇生分枝及莲座状叶丛，茎枝柔软，被细柔毛或无毛；基生叶椭圆形、长椭圆状匙形或长匙形，大头羽状全裂或几全裂，顶裂片卵形、菱形或椭圆形，侧裂片椭圆形，边缘全缘或有极稀疏针刺状小尖头；茎生叶少数，与基生叶同形并等样分裂，向上茎生叶渐小，不裂；全部叶质地柔软，几无毛；头状花序，少数在茎枝顶端排列成疏松的伞房状圆锥花序，总苞椭圆形或长圆形；总苞片草质，外面无毛，2层，外层卵状披针形，内层椭圆状披针形，先端喙状；舌状小花黄色，两性；瘦果淡黄色，稍压扁，长椭圆形或长椭圆状倒披针形，有12条粗细不等细纵肋，肋上有微粗毛，顶端两侧各有1枚下垂的长钩刺，无冠毛。

食药用价值

幼苗可作新鲜蔬菜食用。全草入药，具有清热解毒、透疹的功效，用于咽喉肿痛、痢疾、疮疡肿毒、蛇咬伤、麻疹透发不畅。

地胆草 *Elephantopus scaber*

菊科 / 地胆草属　花期7—11月

别名：鹿耳草、磨地胆、地胆头、苦地胆

● 食用部位　根可食，全草入药。

生长环境 主要生于山坡、路旁、山谷林缘等地。

形态特征 多年生草本植物，根状茎平卧或斜升，具多数纤维状根；茎直立，高20～60厘米，常多少二歧分枝，密被白色贴生长硬毛；基部叶莲座状，匙形或倒披针状匙形，基部渐狭成宽短柄，边缘具圆齿状锯齿；茎叶少数而小，倒披针形或长圆状披针形，叶上面被疏长糙毛，下面密被长硬毛和腺点；头状花序多数，在茎或枝端束生团球状的复头状花序，基部被3个叶状苞片包围；苞片绿色，草质，宽卵形或长圆状卵形，被长糙毛和腺点；总苞狭，总苞片绿色或上端紫红色，长圆状披针形，顶端渐尖而具刺尖，具1脉或3脉，被短糙毛和腺点；花4朵，淡紫色或粉红色；瘦果长圆状线形，顶端截形，基部缩小，具棱，被短柔毛；冠毛污白色，具5（稀6）条硬刚毛，基部宽扁。

食药用价值

地胆草根系有独特香味，被作为煲汤原料广泛使用。全草入药，有清热解毒、消肿利尿之功效，治疗感冒、菌痢、胃肠炎、扁桃体炎、咽喉炎、肾炎水肿、结膜炎、疖肿等症。

甘菊 *Chrysanthemum lavandulifolium*

菊科/菊属　花期6—8月　果期6—8月

别名：野菊、甘野菊、岩香菊

● 食用部位　花瓣可食，花入药。

生长环境 主要生于海拔630～1 800米的山边、路边、山坡、荒地。

形态特征 多年生草本植物；茎密被柔毛，下部毛渐稀至无毛；基生叶及中部茎生叶菱形、扇形或近肾形，长0.5～2.5厘米，两面绿或淡绿色，二回羽状分裂，一至二回全裂；最上部及接花序下部的叶羽裂或3裂，小裂片线形或宽线形，宽0.5～2.0毫米；叶下面疏被柔毛，有柄；头状花序，径2～4厘米，单生茎顶，稀茎生2～3个头状花序；总苞浅碟状，径1.5～3.5厘米，总苞片4层，边缘棕褐或黑褐色宽膜质，外层线形、长椭圆形或卵形，长5～9毫米，中内层长卵形、倒披针形，长6～8毫米，中外层背面疏被长柔毛；舌状花黄色，舌片椭圆形；瘦果长约2毫米。

食药用价值

花瓣可凉拌、煮粥、炒食、沏茶、泡酒。花入药，具有平肝疏肺、清上焦之邪热的功效，可治疗失眠、高血压、湿热黄疸等症。

黄鹌菜 *Youngia japonica*

菊科 / 黄鹌菜属　花期4—10月　果期4—10月

别名：野芥菜、野青菜、黄鸡婆

● 食用部位　幼苗及嫩茎叶可食，根或全草入药。

生长环境 生于山坡、山沟林缘、林间草地、田间、荒地。

形态特征 一年生草本植物，高10～100厘米；根垂直直伸，多数须根；茎直立，单生或簇生，下部被稀疏皱波状毛；基生叶倒披针形，长2.5～13.0厘米，羽状深裂或全裂，顶裂片卵形、倒卵形或卵状披针形，顶端圆形或急尖，边缘有锯齿或几全缘，侧裂片3～7对，椭圆形，最下方的侧裂片耳状，侧裂片边缘有锯齿或小尖头；无茎叶或极少有茎生叶，叶及叶柄被皱波状柔毛；头状花序含10～20枚舌状小花，在茎枝顶端排成伞房花序；总苞圆柱状，总苞片4层，外层及最外层极短，宽卵形，顶端急尖，内层披针形，顶端急尖，内面有短糙毛；舌状小花黄色，花冠管外面有短柔毛；瘦果纺锤形，压扁，褐色或红褐色，无喙，有11～13条纵肋；冠毛糙毛状。

食药用价值

幼苗及嫩茎叶可炒食或煮食，也可腌制成泡菜后食用。根或全草入药，具有清热解毒、利尿消肿的功效，可治疗咽喉疼痛、乳腺炎、痢疾、腹水腹胀等症。

菊芋 *Helianthus tuberosus*

菊科/向日葵属　✿ 花期8—9月

别名：五星草、洋姜、番羌、鬼子姜

● 食用部位　块茎可食，块茎或茎叶入药。

生长环境 耐寒、耐旱，主要生于田头地脚或荒坡地。

形态特征 多年生草本植物，高1～3米，有块茎及纤维状根；茎直立，被白色短糙毛或刚毛；叶通常对生，有叶柄，但上部叶互生，下部叶卵圆形或卵状椭圆形，基部宽楔形或圆形，有时微心形，顶端渐细尖，边缘有粗锯齿，有离基三出脉，上面被白色短粗毛，下面被柔毛，叶脉上有短硬毛，上部叶长椭圆形至阔披针形，基部渐狭，下延成短翅状；头状花序较大，单生于枝端，有1～2个线状披针形的苞叶，直立，总苞片多层，披针形，背面被短伏毛；托片长圆形，背面有肋，上端不等三浅裂；舌状花通常12～20个，舌片黄色，开展，长椭圆形；管状花，花冠黄色；瘦果小，楔形，上端有2～4个有毛的锥状扁芒。

食药用价值

块茎是一种味美的蔬菜并可加工制成酱菜，新鲜的茎、叶可制菊糖及酒精。菊糖是治疗糖尿病的良药。块茎或茎叶入药，具有清热凉血、消肿的功效，可用于肠热出血、跌打损伤、骨折肿痛。

苦苣菜 *Sonchus oleraceus*

菊科 / 苦苣菜属　花期5—12月　果期5—12月

别名：苦菜、苦苣、苦荬

● 食用部位　幼苗及嫩茎叶可食，全草入药。

生长环境 主要生于山坡、山谷林缘、平地田间、近水处、田野。

形态特征 一年生或二年生草本植物；茎直立，单生，高40～150厘米，有纵条棱或条纹，光滑无毛，或上部花序分枝被腺毛；基生叶羽状深裂，长椭圆形或倒披针形，或大头羽状深裂，全形倒披针形，或基生叶不裂，椭圆形、椭圆状戟形、三角形、三角状戟形或圆形，基部渐狭成翼柄；中下部茎叶羽状深裂或大头状羽状深裂，椭圆形或倒披针形，基部急狭成翼柄，柄基圆耳状抱茎，顶裂片与侧裂片宽三角形、戟状宽三角形、卵状心形；下部叶与中下部叶同形，顶端长渐尖，基部半抱茎；叶或裂片边缘及抱茎小耳边缘有锯齿；头状花序排成紧密的伞房花序或总状花序或单生茎枝顶端；总苞宽钟状，总苞片3～4层，覆瓦状排列，外层长披针形或长三角形，中内层长披针形至线状披针形；舌状小花多数，黄色；瘦果褐色，长椭圆形或长椭圆状倒披针形，每面各有3条细脉，肋间有横皱纹，无喙；冠毛白色，单毛状，彼此纠缠。

食药用价值

幼苗及嫩茎叶可凉拌、炒食或煮粥。全草入药，具有祛湿、清热解毒、凉血止血的功效。

庐山风毛菊 *Saussurea bullockii*

菊科 / 风毛菊属　花期7—10月　果期7—10月

别名：山哈芦、憨驴菜、东风菜

● 食用部位　嫩茎叶可食，全草入药。

生长环境 喜阴、喜肥水，抗寒性强，在浙江丽水的龙泉、景宁、云和一带分布较广，一般生于海拔700～1 400米的山地、林下。

形态特征 多年生草本植物，高40～100厘米；根状茎斜升，茎直立；下部茎叶有长柄，柄基扩大半抱茎，叶片三角状心形，长10～15厘米，顶端渐尖，基部心形，圆耳状，边缘波状尖锯齿，上面被稀疏的短糙毛，下面被薄蛛丝状绵毛，后渐脱毛；上部叶渐小，卵形或卵状三角形，有短柄；头状花序多数，排成伞房圆锥花序；总苞倒圆锥状，总苞片5～6层，顶端及边缘常带紫色，被蛛丝毛或脱毛，外层卵形，顶端有芒刺尖，中层长圆形至长椭圆形，顶端钝，有小尖头，内层狭长圆形，顶端钝；小花紫色；瘦果圆柱状，淡褐色，有棱，无毛，顶端有小冠；冠毛2层，淡褐色。

食药用价值

嫩茎叶入沸水焯熟，凉拌或炒食，也可作为火锅烫菜或“杀猪”菜。全草入药，具有清热解毒、明目、利咽的功效。可治疗风热感冒、头痛目眩、目赤肿痛、咽喉红肿、急性肾炎、肺病吐血、跌打损伤、痈肿疔疮、蛇咬伤等症。

马兰 *Aster indicus*

菊科 / 紫菀属　　花期5—9月　　果期8—10月

别名：水苦益、马兰头、路边菊、田岸青、鱼鳅串、泥鳅菜

● 食用部位　幼苗及嫩叶可食，全草入药。

生长环境 适应性强，耐寒、耐热、耐旱、耐瘠薄，常生于山坡、沟边、湿地、路旁。

形态特征 多年生草本植物，地下有细长根状茎，匍匐平卧，白色有节；茎直立，高30～80厘米，上部有短毛，具分枝；初春仅有基生叶，茎不明显，初夏地上茎增高，基部绿带紫红色，光滑无毛；茎生叶披针形、倒卵状长圆形，长3～7厘米，宽1.0～2.5厘米，边缘中部以上具2～4对浅齿，上部叶小，全缘；头状花序呈疏伞房状，总苞半球形，直径6～9毫米，总苞片2～4层；边花舌状，紫色；内花管状，黄色；瘦果扁平倒卵状，冠毛较少，弱而易脱落。

食药用价值

幼苗及嫩叶入沸水焯后凉拌、炒食或蒸食。全草入药，有清热解毒、消食积、利小便、散瘀止血之效。

南方兔儿伞 *Syneilesis australis*

菊科/兔儿伞属　　花期6—7月　　果期8—10月

别名：里麻、一把伞、南天扇、伞把草

● 食用部位　嫩叶可食，根及全草入药。

生长环境 生于海拔500～1 800米的山坡荒地或路旁。

形态特征 多年生草本植物；根状茎短，横走，具多数须根；茎直立，高70～120厘米，紫褐色，无毛，具纵肋，不分枝；下部叶具长柄，叶片盾状圆形，直径20～30厘米，掌状深裂，裂片7～9片，每裂片再次2～3浅裂，小裂片线状披针形，边缘具锐齿，顶端渐尖，无翅，无毛，基部抱茎；中部叶较小，直径12～24厘米，裂片通常4～5片；其余的叶呈苞片状，披针形；头状花序多数，在茎端密集成复伞房状；总苞筒状，基部有3～4层小苞片；总苞片5，长圆形，顶端钝，边缘膜质，外面无毛；小花8～10朵，花冠淡粉白色，檐部窄钟状，5裂；花药伸出花冠，基部短箭形；花柱分枝伸长，扁，顶端钝，被笔状微毛；瘦果圆柱形，无毛，具肋；冠毛污白色或变红色，糙毛状。

食药用价值

嫩叶经沸水焯熟，可凉拌或炒食。根及全草入药，具有祛风除湿、舒筋活血、解毒消肿的功效，可治腰腿疼痛、跌打损伤等症。

泥胡菜 *Hemisteptia lyrata*

菊科 / 泥胡菜属　花期3—8月　果期3—8月

别名：猪兜菜、艾草

● 食用部位　幼苗及嫩茎叶可食，全草入药。

生长环境 生于海拔50～1 800米的路旁、荒地、水塘边、较湿润的丘陵、山谷、溪边、荒山、草地。

形态特征 一年生草本植物，高30～100厘米；茎单生，被稀疏蛛丝毛，上部常分枝；基生叶长椭圆形或倒披针形；中下部茎叶与基生叶同形，全部叶大头羽状深裂或几全裂，茎叶质地薄，上面绿色，无毛，下面灰白色，被茸毛，基生叶及下部茎叶叶柄长，柄基扩大抱茎，最上部茎叶无柄；头状花序在茎枝顶端排成疏松伞房花序，稀头状花序单生茎顶；总苞宽钟状或半球形，总苞片多层，覆瓦状排列；全部苞片质地薄，草质；小花紫色或红色，花冠裂片线形；瘦果小，楔状或偏斜楔形，深褐色，压扁，有13～16条尖细肋，顶端斜截形，有膜质果喙，冠毛异型，白色，两层，外层冠毛刚毛羽毛状，基部连合成环，内层冠毛刚毛极短，鳞片状，着生一侧，宿存。

食药用价值

幼苗入沸水焯后凉拌、炒食、做馅或做汤；嫩茎叶可制作清明粿。全草入药，具有清热解毒、消肿祛瘀的功效，可治疗痔漏、痈肿疔疮、外伤出血、骨折。

蒲公英 *Taraxacum mongolicum*

菊科 / 蒲公英属　花期4—9月　果期5—10月

别名：黄花地丁、婆婆丁、黄花三七

● 食用部位　幼苗及嫩茎叶可食，全草入药。

生长环境 既耐寒又耐热，生于中、低海拔的路边、田野、山坡上。

形态特征 多年生草本植物，株高10～30厘米；叶倒卵状披针形、倒披针形或长圆状披针形，先端钝或急尖，边缘有时具波状齿或羽状深裂，顶端裂片较大，三角形或三角状戟形，全缘或具齿，每侧裂片3～5片，裂片间常夹生小齿，基部渐狭成叶柄，叶柄及主脉常带红紫色；花葶1个至数个，上部紫红色，密被长柔毛；头状花序；总苞钟状，淡绿色；总苞片2～3层，外层卵状披针形或披针形，边缘宽膜质，基部淡绿色，上部紫红色，先端增厚或具小到中等的角状突起，内层线状披针形，先端紫红色，具小角状突起；舌状花黄色，花药和柱头暗绿色；瘦果倒卵状披针形，暗褐色，上部具小刺，下部具成行排列的小瘤，顶端逐渐收缩为圆锥至圆柱形喙基；冠毛白色。

食药用价值

幼苗及嫩茎叶可凉拌或炒食、做馅料。全草入药，具有清热解毒、消痈散结、利尿通淋的功效。

苏门白酒草 *Erigeron sumatrensis*

菊科 / 飞蓬属　✿ 花期5—10月

别名：苏门白酒菊

● 食用部位　嫩茎叶可食，全草入药。

生长环境 常见于浙江泰顺、松阳、龙泉等地，主要生于山坡、草地、旷野、路旁。

形态特征 一年生或二年生草本植物；茎粗壮，直立，株高80～150厘米，具条棱，绿色或下部红紫色，中部或中部以上有长分枝，被较密灰白色上弯糙短毛，杂有疏柔毛；叶密集，下部叶倒披针形或披针形，顶端尖或渐尖，基部渐狭成柄，边缘上部每边常有4～8个粗齿，基部全缘，中部和上部叶狭披针形或近线形，具齿或全缘，两面被密糙短毛；头状花序多数，在茎枝端排列成圆锥花序；总苞卵状短圆柱形；总苞片3层，灰绿色，线状披针形或线形，顶端渐尖，背面被糙短毛，边缘干膜质；花托稍平，具明显小窝孔；雌花多层，管部细长，舌片淡黄色或淡紫色，极短细，丝状，顶端具2细裂；两性花6～11个，花冠淡黄色，檐部狭漏斗形，上端具5齿裂，管部上部被疏微毛；瘦果线状披针形，扁压，被贴微毛；冠毛1层，初时白色，后变黄褐色。

食药用价值

嫩茎叶入沸水焯后炒食或做汤。全草入药，有化痰、通络、止血之功效，主治咳嗽痰多、风湿痹痛、子宫出血。

三脉紫菀 *Aster trinervius* subsp. *ageratoides*

菊科/紫菀属　花期7—11月　果期7—11月

别名：苦连饭、野白菊花、三脉叶马兰、三脉马兰

● 食用部位　嫩茎叶可食，全草入药。

生长环境 生于海拔100米以上的路边、林缘、山坡灌草丛中。

形态特征 多年生草本植物；茎直立，高40～100厘米，有棱及沟，被柔毛或粗毛，有分枝；下部叶片宽卵圆形，急狭成长柄，中部叶椭圆形或长圆状披针形，中部以上急狭成楔形具宽翅的柄，顶端渐尖，边缘有3～7对锯齿，上部叶有浅齿或全缘，全部叶纸质，上面被短糙毛，下面被短柔毛常有腺点，或两面被短茸毛，下面沿脉有粗毛，有离基三出脉，侧脉3～4对；头状花序，排列成伞房或圆锥伞房状；总苞倒锥状或半球状，总苞片3层，覆瓦状排列，线状长圆形，下部近革质或干膜质，上部绿色或紫褐色，有短缘毛；舌状花十余个，舌片线状长圆形，紫色、浅红色或白色，管状花黄色；冠毛浅红褐色或污白色；瘦果倒卵状长圆形，灰褐色，有边肋，一面常有肋，被短粗毛。

食药用价值

嫩茎叶经沸水焯熟后，可以凉拌食用，也可炒食。全草入药，有清热解毒、利尿止血之效，用于咽喉肿痛、咳嗽痰喘、乳蛾、痄腮、乳痈、小便淋痛、痈疖肿毒、外伤出血等。

山牛蒡 *Synurus deltoides*

菊科 / 山牛蒡属　花期6—10月　果期6—10月

别名：裂叶山牛蒡

● 食用部位　嫩茎叶、根可食，根入药。

生长环境 生于海拔1 900米以下的山坡林缘、林下、草地。

形态特征 多年生草本植物，高0.7～1.5米；根状茎粗；茎直立，单生，粗壮，有条棱，灰白色，被密厚茸毛或下部毛脱落；基部叶与下部茎叶有长叶柄，叶柄长，有狭翼，叶片心形、卵形、宽卵形、卵状三角形或戟形，不分裂，基部心形或戟形或平截，边缘有三角形或斜三角形粗大锯齿，但通常半裂或深裂，上部叶卵形、椭圆形、披针形或长椭圆状披针形，边缘有锯齿或针刺；全部叶两面异色，上面绿色，粗糙，有多细胞节毛，下面灰白色，被密厚的茸毛；头状花序，下垂，单生茎顶；总苞球形，被稠密而蓬松的蛛丝毛或脱毛而至稀毛；总苞片通常13～15层；小花全部为两性，管状，花冠紫红色，花冠裂片不等大，三角形；瘦果长椭圆形，浅褐色，顶端截形，有果喙，果喙边缘细锯齿；冠毛褐色，多层，不等长，基部连合成环，整体脱落，冠毛刚毛糙毛状。

食药用价值

嫩茎叶入沸水焯后炒食，根可腌制咸菜。根可入药，具有预防中风、胃癌、子宫癌及健脑的功效。

鼠曲草 *Pseudognaphalium affine*

菊科/鼠曲草属　花期3—4月　果期8—11月

别名：蓬、小白蓬、清明草、清明菜、鼠麹草

● 食用部位　幼苗及嫩茎叶可食，茎叶入药。

生长环境 生于低海拔的田间、田埂、荒地、路旁、草丛。

形态特征 一年生草本植物；茎直立或基部发出的枝下部斜升，高10～40厘米或更高，有沟纹，被白色厚绵毛；叶无柄，匙状倒披针形或倒卵状匙形，基部渐狭，稍下延，顶端圆，具刺尖头，两面被白色绵毛，上面常较薄，叶脉1条；头状花序较多或较少数，近无柄，在枝顶密集成伞房花序，花黄色至淡黄色；总苞钟形，总苞片2～3层，金黄色或柠檬色，膜质，有光泽，外层倒卵形或匙状倒卵形，背面基部被绵毛，内层长匙形，背面通常无毛；花托中央稍凹入，无毛；雌花多数，花冠细管状，花冠顶端扩大，3齿裂，裂片无毛；两性花较少，管状，檐部5浅裂，裂片三角状渐尖，无毛；瘦果倒卵形或倒卵状圆柱形，有乳头状突起；冠毛粗糙，污白色，易脱落，基部连合成2束。

食药用价值

幼苗、嫩茎叶入沸水焯后炒食；嫩茎叶在浙西南山区主要作为清明粿的食材，即捣碎后揉入米粉中做糕团。茎叶入药，具有化痰止咳、祛风除湿、解毒的功效。

陀螺紫菀 *Aster turbinatus*

菊科 / 紫菀属　花期8—11月　果期8—11月

别名：老虎舌、单头紫菀、百条根、一枝香

● 食用部位　嫩叶可食，全草入药。

生长环境 主要生于海拔200～1 200米的林下、路边、山谷、林荫地。

形态特征 多年生草本植物。茎直立，高60～100厘米，粗壮，常单生，有时具长分枝，被糙毛。下部叶卵圆披针形，有疏齿，顶端尖，基部截形或圆形，渐狭成具宽翅的柄；中部叶无柄，长圆或椭圆披针形，有浅齿，基部有抱茎的圆形小耳，顶端尖或渐尖；上部叶卵圆形或披针形；全部叶厚纸质，两面被短糙毛，有离基三出脉及2～3对侧脉。头状花序单生或2～3个簇生上部叶腋，有密集而渐变为总苞片的苞叶。总苞倒锥形，总苞片约5层，覆瓦状排列，厚干膜质，背面近无毛，边缘膜质，常带紫红色，有缘毛；外层卵圆形，顶端圆形或急尖；内层长圆状线形，顶端圆形。舌状花20余个，舌片蓝紫色；管状花黄色；冠毛白色，有微糙毛。瘦果倒卵状长圆形，两面有肋，被密粗毛。

食药用价值

嫩叶入沸水焯后凉拌作为蔬菜食用。全草入药，具有清热解毒、健脾止痢、止痒的功效，可治疗感冒发热、急性乳腺炎、痢疾等症，是浙江著名的蛇伤草药。

续断菊 *Sonchus asper*

菊科/苦苣菜属　花期5—10月　果期5—10月

别名：断续菊、花叶滇苦菜、花叶滇苦荬菜

● 食用部位　嫩茎叶可食，全草入药。

生长环境 主要生于海拔1 550～3 650米的山坡、林缘及水边。

形态特征 一年生草本植物；茎单生或少数茎成簇生，有纵纹或纵棱，茎枝无毛或上部及花梗被腺毛；中下部茎叶长椭圆形、倒卵形、匙状或匙状椭圆形，叶顶端渐尖、急尖或钝，基部渐狭成短或较长的翼柄，柄基耳状抱茎或基部无柄；上部茎叶披针形，不裂，基部扩大，圆耳状抱茎；茎叶羽状浅裂、半裂或深裂，侧裂片4～5对；全部叶及裂片与抱茎的圆耳边缘有尖齿刺，两面光滑无毛，质地薄；头状花序在茎枝顶端排成稠密的伞房花序；总苞宽钟状，总苞片3～4层，覆瓦状排列，绿色，草质，外层长披针形或长三角形，中内层长椭圆状披针形至宽线形，全部苞片顶端急尖，外面光滑无毛；舌状小花黄色；瘦果倒披针状，褐色，压扁，两面各有3条细纵肋，肋间无横皱纹；冠毛白色，柔软，彼此纠缠，基部连合成环。

食药用价值

嫩茎叶入沸水焯后，凉拌、炒食。全草入药，有清热解毒、凉血止血的功效，可治疗痢疾、急性黄疸型传染性肝炎、阑尾炎、乳腺炎、扁桃体炎、咯血、便血等症。

野艾蒿 *Artemisia lavandulifolia*

菊科 / 蒿属　花期8—10月　果期8—10月

别名：大叶艾蒿、荫地蒿、野艾、小叶艾、狭叶艾、苦艾

● 食用部位　幼苗和嫩茎叶可食，全草入药。

生长环境 多生于低或中海拔地区的路旁、林缘、山坡、山谷、草地等。

形态特征 多年生草本植物，略呈半灌木状，植株有浓烈香气；茎少数，株高可达120厘米，具纵棱，分枝多；叶纸质，上面绿色，具密集白色腺点及小凹点，基生叶与茎下部叶宽卵形或近圆形；中部叶片卵形、长圆形或近圆形，裂片椭圆形或长卵形，叶柄基部有小型羽状分裂的假托叶；上部叶羽状全裂，具短柄或近无柄；苞片叶为线状披针形或披针形，先端尖，边反卷；头状花序极多数，椭圆形或长圆形；外层总苞片卵形或狭卵形，边缘狭膜质，中层总苞片长卵形，内层总苞片长圆形或椭圆形，半膜质，花序托小，凸起；雌花花冠狭管状，檐部具裂齿，紫红色，花柱线形，伸出花冠外；两性花花冠管状，花药线形，先端附属物尖，长三角形；瘦果长卵形或倒卵形。

食药用价值

在浙江丽水地区嫩茎叶可以作为清明粿的原材料，幼苗做菜蔬或腌制酱菜。全草入药，有温经、去湿、散寒、止血、消炎、平喘、止咳、安胎、抗过敏等功效，是妇科常用药之一，治虚寒性的妇科疾患尤佳，又治老年慢性支气管炎与哮喘。艾叶晒干捣碎得“艾绒”，可制艾条供艾灸用。

野茼蒿 *Crassocephalum crepidioides*

菊科/野茼蒿属　花期9—11月　果期9—11月

别名：革命菜、飞机草、冬风菜、昭和草

● 食用部位　嫩茎叶可食，全草入药。

生长环境 喜温又耐寒，主要生于海拔1 800米以下的山坡荒地、路旁、水边、草丛中。

形态特征 一年生草本植物；茎直立，高20～120厘米，具纵条棱，光滑无毛，上部多分枝；单叶互生，叶片椭圆形或长圆状椭圆形，长7～12厘米，宽4～5厘米，先端渐尖，边缘有不规则锯齿或重锯齿或有时基部羽状分裂，两面无或近无毛；叶柄长2.0～2.5厘米；头状花序数个，排成圆锥状聚伞花序；总苞钟状；总苞片1层等长，线状披针形，边缘膜质，白色，顶端有短簇毛；管状两性花，红褐色或橙红色，檐部5齿裂，花柱分枝有细长钻形的附器；瘦果狭圆柱形，赤红色，有纵条，被毛；冠毛丰富，白色。

食药用价值

嫩叶焯水捞出，凉拌、炒食、做馅或做汤，清香可口；肉质茎撕皮后，可炒食、做汤或腌制凉拌。全草入药，有健脾、消肿之功效，治消化不良、脾虚浮肿等症。

苦槠 *Castanopsis sclerophylla*

壳斗科 / 锥属　花期4—5月　果期10—11月

别名：苦槠锥、槠栗、结节锥栗

● 食用部位　种仁（子叶）可食，也可入药。

生长环境 主要生于海拔200～1 000米的山坡、密林中，常与杉、樟混生，村边、路旁时有栽培。

形态特征 乔木，高5～10米，稀达15米；胸径30～50厘米，树皮浅纵裂，片状剥落，小枝灰色，散生皮孔，当年生枝红褐色，略具棱，枝、叶均无毛；叶二列，叶片革质，长椭圆形、卵状椭圆形或兼有倒卵状椭圆形，顶部渐尖或骤狭急尖，基部近于圆或宽楔形，通常一侧略短且偏斜，叶缘在中部以上有锯齿状锐齿，很少兼有全缘叶；花序轴无毛，雄穗状花序通常单穗腋生，雄蕊10～12枚；壳斗有坚果1个，偶有2～3个，圆球形或半圆球形，几全包果，不规则瓣状爆裂，小苞片鳞片状，大部分退化并横向连生成脊肋状圆环，或仅基部连生，呈环带状突起，外壁被黄棕色微柔毛；坚果近圆球形，顶部短尖，被短伏毛，果脐位于坚果的底部，子叶平凸，有涩味。

食药用价值

种仁（子叶）可制成苦槠豆腐、苦槠粉皮、苦槠粉丝、苦槠糕等。种仁入药，具有涩肠止泻、生津止渴之功效，用于泄泻、痢疾、津伤口渴、伤酒。

香椿 *Toona sinensis*

楝科 / 香椿属　花期6—8月　果期10—12月

别名：香椿铃、香铃子、香椿子、香椿芽

● 食用部位　嫩芽、嫩叶可食，叶、果、皮、根入药。

生长环境 喜温不耐寒，生于海拔1 500米以下向阳山坡的杂木林中或山谷溪旁的疏林边缘。

形态特征 乔木，树高可达25米；树皮粗糙，深褐色，片状脱落；叶具长柄，偶数羽状复叶；小叶16～20片，对生或互生，纸质，卵状披针形或卵状长椭圆形，先端尾尖，基部一侧圆形，另一侧楔形，不对称，边全缘或有疏离的小锯齿，两面均无毛，无斑点；圆锥花序与叶等长或更长，被稀疏的锈色短柔毛或有时近无毛，小聚伞花序生于短的小枝上，多花；花具短花梗；花萼5齿裂或浅波状，外面被柔毛，且有睫毛；花瓣5枚，白色，长圆形，先端钝，无毛；雄蕊10枚，其中5枚能育，5枚退化；花盘无毛，近念珠状；子房圆锥形，有5条细沟纹，无毛，花柱比子房长，柱头盘状；蒴果狭椭圆形，深褐色，有小而苍白色的皮孔，果瓣薄；种子基部通常钝，上端有膜质的长翅，下端无翅。

食药用价值

嫩芽、嫩叶脆嫩多汁，与鸡蛋炒食或腌制。香椿的叶、果、皮、根均可入药，味苦、性寒，具有清热解毒、祛暑化湿、行气止痛、抑菌止痛、健脾理气、收敛止血等功效。

萹蓄 *Polygonum aviculare* var. *aviculare*

蓼科 / 萹蓄属　　花期5—7月　　果期6—8月

别名：竹叶草、大蚂蚁草、扁竹

● 食用部位　嫩茎叶可食，全草入药。

生长环境 生于海拔30～900米的荒地、田边、路旁、沟边、湿地。

形态特征 一年生草本植物，株高20～50厘米；茎平卧、上升或直立，高10～40厘米，自基部多分枝，具纵棱；叶椭圆形、狭椭圆形或披针形，长1～4厘米，宽3～12毫米，顶端钝圆或急尖，基部楔形，边缘全缘，两面无毛，下面侧脉明显；叶柄短或近无柄，基部具关节；托叶鞘膜质，下部褐色，上部白色，撕裂脉明显；花单生或数朵簇生于叶腋，遍布于植株；苞片薄膜质；花梗细，顶部具关节；花被5深裂，花被片椭圆形，长2.0～2.5毫米，绿色，边缘白色或淡红色；雄蕊8枚，花丝基部扩展；花柱3个，柱头头状；瘦果卵形，具3棱，长2.5～3.0毫米，黑褐色，密被由小点组成的细条纹，无光泽，与宿存花被近等长或稍超过。

食药用价值

嫩茎叶入沸水焯后凉拌、炒食、和面蒸食，也可晒干做干菜。全草入药，有通经利尿、清热解毒之功效，可治热黄、蛔虫、蛲虫等病症。

蚕茧草 *Persicaria japonica*

蓼科 / 蓼属　花期8—10月　果期9—11月

别名：紫蓼、小蓼、蚕茧蓼

● 食用部位　幼苗及嫩茎叶可食，全草入药。

生长环境 主要生于海拔20米以上的路边、湿地、水边、山谷、草地、田边。

形态特征 多年生草本植物，株高可达1米；根状茎横走，茎直立，高50～100厘米，淡红色，无毛，有时具稀疏的短硬伏毛，节部膨大；叶披针形，近薄革质，坚硬，长7～15厘米，宽1～2厘米，顶端渐尖，基部楔形，全缘，两面疏生短硬伏毛，中脉上毛较密，具刺状缘毛；叶柄短或近无柄；托叶鞘筒状，膜质，具硬伏毛，顶端截形，具缘毛；总状花序呈穗状，长6～12厘米，顶生，通常数个再集成圆锥状；苞片漏斗状，绿色，上部淡红色，具缘毛，每苞内具3～6花；雌雄异株，花被5深裂，白色或淡红色，花被片长椭圆形，雄蕊8枚，雄蕊比花被长，雌花花柱2～3个，中下部合生，花柱比花被长；瘦果卵形，具3棱或双凸镜状，黑色，有光泽，包于宿存花被内。

食药用价值

幼苗及嫩茎叶入沸水焯后，凉拌、炒食或做汤。全草入药，有散寒、活血、止痢之效。

何首乌 *Pleuropterus multiflorus*

蓼科 / 何首乌属　✿ 花期8—9月　果期9—10月

别名：夜交藤、紫乌藤、多花蓼、桃柳藤、九真藤

● 食用部位　嫩茎叶、块根可食，块根入药。

生长环境 生于海拔200米以上的草坡、山谷、灌丛、山坡、林下、沟边。

形态特征 多年生草本植物；块根肥厚，长椭圆形，黑褐色；茎缠绕，长2~4米，多分枝，具纵棱，无毛，下部木质化；叶卵形或长卵形，长3~7厘米，顶端渐尖，基部心形或近心形，边缘全缘；托叶鞘膜质，无毛；花序圆锥状，顶生或腋生，分枝开展，具细纵棱，沿棱密被小突起；苞片三角状卵形，具小突起，顶端尖，每苞内具2～4花；花被5深裂，白色或淡绿色，花被片椭圆形，大小不相等，外面3片较大，背部具翅；雄蕊8枚，花丝下部较宽；花柱3个，极短，柱头头状；瘦果卵形，具3棱，黑褐色，有光泽，包于宿存花被内。

食药用价值

嫩茎叶可炒食或做汤，块根与蛋类一起煮食。块根入药，具有补益精血、解毒、润肠通便的功效，主治精血亏虚、头晕眼花、须发早白、腰膝酸软、肠燥便秘。

虎杖 *Reynoutria japonica*

蓼科 / 虎杖属　花期8—9月　果期9—10月

别名：斑庄根、大接骨、酸桶芦、酸筒杆

● 食用部位　嫩茎叶可食，根状茎入药。

生长环境 生于海拔140米以上的山坡灌丛、山谷、路旁、田边湿地。

形态特征 多年生草本植物；根状茎粗壮，横走；茎直立，高1～2米，空心，具明显的纵棱，具小突起，无毛，散生红色或紫红斑点；叶宽卵形或卵状椭圆形，近革质，顶端渐尖，基部宽楔形、截形或近圆形，边缘全缘，疏生小突起，两面无毛，短叶柄具小突起；托叶鞘膜质，褐色，具纵脉，无毛，顶端截形，无缘毛；花单性，雌雄异株，花序圆锥状，腋生；苞片漏斗状，顶端渐尖，无缘毛，每苞内具2～4花；花梗中下部具关节；花被5深裂，淡绿色，雄花花被片具绿色中脉，无翅，雄蕊8枚，比花被长；雌花花被片外面3片背部具翅，果时增大，翅扩展下延，花柱3个，柱头流苏状；瘦果卵形，具3棱，黑褐色，有光泽，包于宿存花被内。

食药用价值

嫩茎叶入沸水焯后，再用清水浸泡，炒食、做汤或腌制酱菜。根状茎入药，有祛风利湿、散瘀定痛、止咳化痰之效，用于关节痹痛、湿热、黄疸、水火烫伤、跌打损伤、痈肿疮毒、咳嗽痰多。

金荞麦 *Fagopyrum dibotrys*

蓼科 / 荞麦属　花期7—9月　果期8—10月

别名：土荞麦、野荞麦、苦荞头、透骨消、赤地利、天荞麦

● 食用部位　块根可食，也可入药。

生长环境 生于海拔250米以上的山谷、湿地、山坡、灌丛。

形态特征 多年生草本植物；根状茎木质化，黑褐色；茎直立，高50～100厘米，分枝，具纵棱，有时一侧沿棱被柔毛；叶三角形，长4～12厘米，宽3～11厘米，顶端渐尖，基部近戟形，边缘全缘，两面具乳头状突起或被柔毛；托叶鞘筒状，膜质，褐色，长5～10毫米，偏斜，顶端截形，无缘毛；花序伞房状，顶生或腋生；苞片卵状披针形，顶端尖，边缘膜质，每苞内具2～4花；花梗中部具关节，与苞片近等长；花被5深裂，白色，花被片长椭圆形，长约2.5毫米；雄蕊8枚，比花被短；花柱3个，柱头头状；瘦果宽卵形，具3锐棱，长6～8毫米，黑褐色，无光泽，超出宿存花被2～3倍。

食药用价值

块根与肉类炖食。块根入药，有清热解毒、活血消痈、祛风除湿之效，主治肺痈、肺热咳喘、咽喉肿痛、痢疾、风湿痹证、跌打损伤、痈肿疮毒、蛇虫咬伤。

扛板归 *Persicaria perfoliata*

蓼科/蓼属　花期6—8月　果期7—10月

别名：贯叶蓼、刺犁头、河白草、蛇倒退、梨头刺、蛇不过、老虎舌

● 食用部位　叶可煮水，全草入药。

生长环境 生于海拔80米以上的田边、路旁、山谷、湿地。

形态特征 一年生草本植物；茎攀缘，多分枝，长1～2米，具纵棱，沿棱具稀疏的倒生皮刺；叶三角形，长3～7厘米，宽2～5厘米，顶端钝或微尖，基部截形或微心形，薄纸质，上面无毛，下面沿叶脉疏生皮刺；叶柄与叶片近等长，具倒生皮刺，盾状着生于叶片的近基部；托叶鞘叶状，草质，圆形或近圆形，穿叶，直径1.5～3.0厘米；总状花序呈短穗状，顶生或腋生，长1～3厘米；苞片卵圆形，每苞片内具花2～4朵；花被5深裂，白色或淡红色，花被片椭圆形，果时增大，呈肉质，深蓝色；雄蕊8枚，略短于花被；花柱3个，中上部合生，柱头头状；瘦果球形，黑色，有光泽，包于宿存花被内。

食药用价值

叶子可煮水喝。全草入药，有清热解毒、利水消肿、止咳等功效，可用于咽喉肿痛、肺热咳嗽、小儿顿咳、水肿尿少、湿热泻痢、湿疹、疖肿、蛇虫咬伤。

羊蹄 *Rumex japonicus*

蓼科 / 酸模属　花期5—6月　果期6—7月

别名：酸模、癣黄头、羊舌头草

● 食用部位　幼苗、嫩叶可食，根入药。

生长环境 生于海拔30～3 400米的田边路旁、河滩、沟边湿地。

形态特征 多年生草本植物；茎直立，高50～100厘米，上部分枝，具沟槽；基生叶长圆形或披针状长圆形，长8～25厘米，宽3～10厘米，顶端急尖，基部圆形或心形，边缘微波状，下面沿叶脉具小突起；茎上部叶狭长圆形；叶柄长2～12厘米；托叶鞘膜质，易破裂；花序圆锥状，花两性，多花轮生；花梗细长，中下部具关节；花被片6片，淡绿色，外花被片椭圆形，长1.5～2.0毫米，内花被片果时增大，宽心形，长4～5毫米，顶端渐尖，基部心形，网脉明显，边缘具不整齐的小齿，齿长0.3～0.5毫米，全部具小瘤，小瘤长卵形，长2.0～2.5毫米；瘦果宽卵形，具3锐棱，长约2.5毫米，两端尖，暗褐色，有光泽。

食药用价值

嫩苗、嫩叶入沸水焯后作为菜蔬食用。根入药，有清热通便、凉血止血、杀虫止痒之效，用于大便秘结、淋浊、黄疸、吐血。

马齿苋 *Portulaca oleracea*

马齿苋科 / 马齿苋属　花期5—8月　果期6—9月

别名：马齿菜、长命菜、马舌菜、酱瓣草、酸菜、马苋、五行草、麻绳菜

● 食用部位　嫩茎叶可食，全草入药。

生长环境 喜温和气候，稍耐低温，不耐霜冻，常生于菜园、农田、路旁。

形态特征 一年生草本植物，全株无毛；茎平卧或斜倚，伏地铺散，多分枝，圆柱形，淡绿色或带暗红色；叶互生，有时近对生，叶片扁平，肥厚，倒卵形，似马齿状，顶端圆钝或平截，有时微凹，基部楔形，全缘，上面暗绿色，下面淡绿色或带暗红色，中脉微隆起；叶柄粗短；花无梗，常3～5朵簇生枝端；苞片2～6层，叶状，膜质，近轮生；萼片2枚，对生，绿色，盔形，左右压扁，顶端急尖，背部具龙骨状凸起，基部合生；花瓣5（稀4）枚，黄色，倒卵形，顶端微凹，基部合生；雄蕊通常8枚或更多，花药黄色；子房无毛，花柱比雄蕊稍长，柱头4～6裂，线形；蒴果卵球形，盖裂；种子细小，多数偏斜球形，黑褐色，有光泽，具小疣状凸起。

食药用价值

嫩茎叶可凉拌、炒食、做馅或晒制干菜。全草入药，可清热解毒、凉血止痢、除湿通淋，种子具有清肝、化湿、明目之功效。

女萎 *Clematis apiifolia*

毛茛科 / 铁线莲属　花期7—9月　果期9—10月

别名：一把抓、白棉纱、风藤、花木通、百根草

● 食用部位　嫩叶可食，根、茎藤或全株入药。

生长环境 主要生于海拔150～1 000米的山野林边。

形态特征 多年生藤本植物；小枝和花序梗、花梗密生贴伏短柔毛；三出复叶，连叶柄长5～17厘米，叶柄长3～7厘米；小叶片卵形或宽卵形，长2.5～8.0厘米，宽1.5～7.0厘米，常有不明显3浅裂，边缘有锯齿，上面疏生贴伏短柔毛或无毛，下面通常疏生短柔毛或仅沿叶脉较密；圆锥状聚伞花序多花，花直径约1.5厘米；萼片4枚，开展，白色，狭倒卵形，长约8毫米，两面有短柔毛，外面较密；雄蕊无毛，花丝比花药长5倍；瘦果纺锤形或狭卵形，长3～5毫米，顶端渐尖，不扁，有柔毛，宿存花柱长约1.5厘米。

食药用价值

嫩叶可与肉类炖食，还可以制作清明粿。根、茎藤或全株入药，有消炎消肿、利尿通乳之效，主治肠炎、痢疾、甲状腺肿大、风湿关节痛、尿路感染、乳汁不下。

糯米团 *Gonostegia hirta*

荨麻科/糯米团属　✿ 花期5—10月

别名：糯米草、糯米藤、糯米条、红石藤、生扯拢、蔓苎麻、乌蛇草、小粘药

● 食用部位　嫩茎叶、根可食，全草入药。

生长环境 主要生于海拔100～2 700米的丘陵或低山林中、灌丛中、沟边草地。

形态特征 多年生草本植物，有时茎基部变木质；茎蔓生、铺地或渐升，长50～100厘米，不分枝或分枝，上部带四棱形，有短柔毛；叶对生，叶片草质或纸质，宽披针形至狭披针形、狭卵形或椭圆形，稀卵形，长3～10厘米，顶端长渐尖至短渐尖，基部浅心形或圆形，边缘全缘，上面稍粗糙，有稀疏短伏毛或近无毛，下面沿脉有疏毛或近无毛，基出脉3～5条；托叶钻形；团伞花序腋生，通常两性，有时单性，雌雄异株；苞片三角形；花蕾有稀疏长柔毛；花被片5片，分生，倒披针形，顶端短骤尖；雄蕊5枚，花丝条形；退化雌蕊极小，圆锥状；雌花花被菱状狭卵形，顶端有2小齿，有疏毛，果期呈卵形，有10条纵肋；柱头有密毛；瘦果卵球形，白色或黑色，有光泽。

食药用价值

嫩茎叶入沸水焯后炒食、做汤，根可炖食。全草入药，有清热解毒、健脾消积、利湿消肿、散瘀止痛之效，内服可治消化不良、食积胃痛等症，外用可治血管神经性水肿、疔疮疖肿、乳腺炎、外伤出血等症。

朝天委陵菜 *Potentilla supina*

蔷薇科 / 委陵菜属　花期3—10月　果期3—10月

别名：鸡毛菜、铺地委陵菜、仰卧委陵菜、伏委陵菜

● 食用部位　幼苗、嫩茎叶及根可食，全草入药。

生长环境 生于海拔100～2 000米的田边、荒地、河岸沙地、草地、山坡、湿地。

形态特征 一年生或二年生草本植物；茎平展，上升或直立，叉状分枝，长20～50厘米，被疏柔毛或脱落几无毛；基生叶羽状复叶，有小叶2～5对，叶柄被疏柔毛或脱落几无毛；小叶互生或对生，无柄，小叶片长圆形或倒卵状长圆形，顶端圆钝或急尖，基部楔形或宽楔形，边缘有圆钝或缺刻状锯齿，被稀疏柔毛或脱落几无毛；基生叶托叶膜质，褐色，外面被疏柔毛或几无毛；茎生叶托叶草质，全缘、有齿或分裂；花茎上多叶，下部花自叶腋生，顶端呈伞房状聚伞花序；花梗常密被短柔毛；萼片三角卵形，顶端急尖，副萼片长椭圆形或椭圆状披针形，顶端急尖，比萼片稍长或近等长；花瓣黄色，倒卵形，顶端微凹，与萼片近等长或较短；花柱近顶生，基部乳头状膨大；瘦果长圆形，先端尖，表面具脉纹，腹部鼓胀若翅或有时不明显。

食药用价值

幼苗及嫩茎叶入沸水焯熟，凉拌、炒食、做汤或做馅；块根营养价值高，可食。全草入药，具有清热利湿的功效。

龙葵 *Solanum nigrum* var. *nigrum*

茄科 / 茄属　花期5—8月　果期7—11月

别名：苦葵、水茄、野茄秧、山辣椒

● 食用部位　幼苗及嫩茎叶可食，全株入药。

生长环境 生于海拔1 500米以下的荒野、田边、路边。

形态特征 一年生草本植物；株高1米；茎近无毛或被微柔毛；叶卵形，长4～10厘米，先端钝，基部楔形或宽楔形，下延，全缘或具4～5对不规则波状粗齿，两面无毛或疏被短柔毛，叶脉5～6对；叶柄长2～5厘米；伞形状花序腋外生，具3～6花，花序梗长2～4厘米；花梗长0.8～1.2厘米，近无毛或被短柔毛；花萼浅杯状，萼齿近三角形，长1毫米；花冠白色，长0.8～1.0厘米，冠檐裂片卵圆形；花丝长1.0～1.5毫米，花药长2.5～3.5毫米，顶孔向内，花柱长5～6毫米，中下部被白色茸毛；浆果球形，黑色；种子近卵圆形，多数，两侧压扁。

食药用价值

幼苗或嫩茎叶入沸水焯熟，浸入冷水去除苦味，可炒食或煮食，但是龙葵含有龙葵素、茄碱等有毒物质，其绿色幼果不可生食。全株入药，可散瘀消肿、清热解毒。

攀倒甑 *Patrinia villosa* subsp. *villosa*

忍冬科/败酱属　花期8—10月　果期9—11月

别名：苦益菜、白花败酱、苦叶菜、天香菜、苶苦荚、甘马菜、老鹳菜、无香菜

● 食用部位　嫩茎叶可食，全草入药。

生长环境 适应性很强，耐贫瘠，耐干旱，耐寒，生于海拔50～1 300米的山地、林下、林缘、溪沟边、草地。

形态特征 多年生草本植物，高50～120厘米；根茎长而横走；茎直立，黄绿色至黄棕色，有时带淡紫色；基生叶丛生，卵形，不分裂或大头羽状分裂或全裂，顶端钝或尖，基部楔形，边缘具粗锯齿，上面暗绿色，背面淡绿色，两面被糙伏毛或几无毛，具缘毛；茎生叶对生，宽卵形至披针形，常羽状深裂或全裂，具2～3对侧裂片，顶生裂片卵形、椭圆形或椭圆状披针形，先端渐尖，具粗锯齿，两面密被或疏被白色糙毛，或几无毛，上部叶渐变窄小，无柄；花序为聚伞花序组成的大型伞房花序，顶生，具5～6级分枝；花序梗上方一侧被开展白色粗糙毛；总苞线形，甚小，苞片小；花冠钟形，白色，裂片异形；雄蕊4枚，伸出；花小，萼齿不明显；瘦果倒卵圆形，与宿存增大苞片贴生。

食药用价值

浙江丽水、温州一带嫩茎叶作为常见的菜蔬食用。全草入药，有清热解毒、活血排脓之功效，可治肠痈、痢疾、肠炎、肝炎、眼结膜炎、产后瘀血腹痛等症。

蕺菜 *Houttuynia cordata*

三白草科/蕺菜属　花期4—8月　果期6—10月

别名：鱼腥草、狗腥草、臭根草、侧耳根、折耳根

- 食用部位　嫩茎叶及根茎可食，全草入药。

生长环境 喜温暖潮湿环境，较耐寒，主要生于山坡、林下、路边、溪旁、岸边。浙西南山区常见。

植物形态 多年生草本植物，株高30～60厘米；茎下部伏地，上部直立，具4～8节，节上生根且常被毛，绿色带紫色；叶卵形或阔卵形，薄纸质，长10厘米，宽6厘米，顶端短渐尖，基部心形，两面疏生柔毛和腺点，叶背常紫红色，叶脉5～7条；穗状花序顶生或与叶对生，基部多具4片白色花瓣状苞片；花小，雄蕊3枚，长于花柱，花丝下部与子房合生，花柱3个，外弯；蒴果近球形，顶端开裂，花柱宿存。

食药用价值

嫩茎叶及根茎入沸水焯后可凉拌、炒食或腌制。全草入药，有清热、解毒、利水之效，可治疗肠炎、痢疾、肾炎水肿、乳腺炎、中耳炎等。

水芹 *Oenanthe javanica*

伞形科 / 水芹属　　花期6—7月　　果期8—9月

别名：水芹菜、野芹菜、小叶芹

● 食用部位　嫩茎叶可食，全草入药。

生长环境 各海拔区域均有分布，生于水沟旁、低湿地、浅水沼泽、河溪岸边或山垄田中。

形态特征 多年生草本植物，株高15～80厘米，茎直立或基部匍匐；基生叶有长柄，基部有叶鞘；叶片轮廓三角形，1～2回羽状分裂，末回裂片卵形至菱状披针形，长2～5厘米，边缘有牙齿或圆齿状锯齿；茎上部叶无柄，裂片与基生叶的裂片相似，较小；复伞形花序顶生，花序梗长2～16厘米，无总苞，伞辐不等长，直立和展开；小总苞片2～8片，线形；小伞形花序有花20余朵；萼齿线状披针形，长与花柱基相等；花瓣白色，倒卵形，有1片长而内折的小舌片；花柱基圆锥形，花柱直立或两侧分开，果实近于四角状椭圆形或筒状长圆形，侧棱较背棱和中棱隆起，木栓质，分生果横剖面呈近于五边状的半圆形，每棱槽内1油管，合生面2油管。

食药用价值

嫩茎叶可炒食、做馅或腌制酱菜。全草入药，有清热解毒、润肺利湿的功效，对发热感冒、呕吐腹泻、尿路感染、崩漏、水肿、高血压等症有辅助疗效。

鸭儿芹 *Cryptotaenia japonica* f. *japonica*

伞形科 / 鸭儿芹属　花期4—5月　果期6—10月

别名：鸭脚板、鸭脚芹、三叶芹

● 食用部位　嫩茎叶可食，全草入药。

生长环境 喜冷凉，耐寒性较强，生于林下、林缘、沟边、田埂、山坡、路边，在浙江衢州一带有人工栽培。

形态特征 多年生草本植物，株高20～100厘米，无毛；茎直立，具细纵棱；基生叶及茎下部叶有长柄，叶鞘边缘膜质；叶片三出式分裂，三角形至阔卵形，中间裂片菱状倒卵形或阔卵形，长5～12厘米，两侧裂片歪卵形，与中间裂片近等大，所有裂片边缘有不规则的锐尖锯齿或重锯齿，茎中上部的叶柄渐短，基部成狭鞘状或全部成鞘状；复伞形花序呈圆锥状，花序梗不等长，花瓣白色，总苞片1层，呈线形或钻形；分生果线状长圆形，长4～6毫米，合生面略收缩，胚乳腹面近平直；分生果有棱5条，合生面2～4条，每棱槽内有1～3油管，合生面4油管；种子黑褐色，长纺锤形，有纵沟。

食药用价值

鸭儿芹营养丰富且口味鲜美，嫩茎叶可作蔬菜炒食。全草入药，治疗虚弱、尿闭及肿毒等，民间有用其全草捣烂外敷治蛇咬伤。

构棘 *Maclura cochinchinensis*

桑科 / 橙桑属　花期4—5月　果期6—7月

别名：葨芝、黄桑木、柘根、拉牛入石、穿破石

● 食用部位　嫩芽及果实可食，茎及根皮入药。

生长环境 常生于各地山坡或荒野。

形态特征 落叶乔木或灌木；枝无毛，具粗壮弯曲无叶的腋生刺，刺长约1厘米；叶革质，椭圆状披针形或长圆形，长3～8厘米，宽2.0～2.5厘米，全缘，先端钝或短渐尖，基部楔形，两面无毛，侧脉7～10对；叶柄长约1厘米；花雌雄异株，雌雄花序均为具苞片的球形头状花序，每花具2～4个苞片，苞片锥形，内面具2个黄色腺体，苞片常附着于花被片上；雄花序直径6～10毫米，花被片4片，不相等，雄蕊4枚，花药短，在芽时直立；退化雌蕊锥形或盾形，雌花序微被毛，花被片顶部厚，分离或下部合生，基有2黄色腺体；聚合果肉质，直径2～5厘米，表面微被毛，成熟时橙红色；核果卵圆形，成熟时褐色，光滑。

食药用价值

嫩芽及果实可食，春季采摘嫩芽入沸水焯熟，用清水漂洗后凉拌、炒食。茎及根皮入药，有祛风通络、清热除湿、解毒消肿之功效，治疗风湿痹痛、跌打损伤、腮腺炎、肺结核、胃和十二指肠溃疡等症。

琴叶榕 *Ficus pandurata* var. *pandurata*

桑科/榕属　花期5—8月　果期9—11月

别名：条叶榕、全叶榕、牛奶藤、小康补、小香勾

● 食用部位　根和茎可食，根入药。

生长环境　喜温暖、湿润和阳光充足的环境，生于山地、山沟、山坡、路边、旷野，浙江丽水有人工栽培。

形态特征　落叶小灌木，株高0.5～2.0米；小枝，嫩叶幼时被白短柔毛，后期变为无毛；叶厚纸质，提琴形或倒卵形，长4～8厘米，先端短尖，基部圆或宽楔形，中部缢缩，表面无毛，背面叶脉有疏毛及小瘤点，基生侧脉2对，侧脉5～7对；叶柄疏被糙毛；托叶披针形；雄花具柄，花被片4片，线形，雄蕊3枚；瘿花花被片3～4片，倒披针形至线形，花柱侧生，很短；雌花花被片3～4片，椭圆形，花柱侧生，细长，柱头漏斗形；榕果单生叶腋，鲜红色，椭圆形或球形，顶部脐状突起，基生苞片3片，卵形。

食药用价值

根和茎可与猪脚等熬煮炖食。根入药，有祛风除湿、健脾开胃、解毒消肿之功效，可治疗前列腺炎、风湿痹痛、风寒感冒、血淋、跌打损伤、毒蛇咬伤等症。

天仙果 *Ficus erecta*

桑科 / 榕属　花期5—6月　果期5—6月

别名：牛乳榕、天师果、假枇杷果

● 食用部位　果实可食，根入药。

生长环境 生于海拔400～800米的山坡、林下。

形态特征 落叶小乔木或灌木，高2～7米；树皮灰褐色，小枝密生硬毛；叶厚纸质，倒卵状椭圆形，长7～20厘米，先端短渐尖，基部圆形至浅心形，全缘或上部偶有疏齿，表面疏生柔毛，背面被柔毛，侧脉5～7对；叶柄密被灰白色短硬毛；托叶三角状披针形，膜质，早落；榕果单生叶腋，具总梗，球形或梨形，直径1.2～2.0厘米，幼时被柔毛和短粗毛，顶生苞片脐状，基生苞片3片，卵状三角形，成熟时黄红至紫黑色；雄花和瘿花生于同一榕果内壁，雌花生于另一植株的榕果中；雄花有柄或近无柄，花被片2～4片，椭圆形至卵状披针形，雄蕊2～3枚；瘿花近无柄或有短柄，花被片3～5片，披针形，长于子房，被毛，子房椭圆状球形，花柱短，侧生，柱头2裂；雌花花被片4～6片，宽匙形，子房光滑有短柄，花柱侧生，柱头2裂。

食药用价值

果实可直接食用或泡酒饮。根入药，具有祛风除湿、活血止痛之功效，可治疗风湿骨痛、跌打损伤、月经不调等症。

商陆 *Phytolacca acinosa*

商陆科 / 商陆属　花期5—8月　果期6—10月

别名：白母鸡、猪母耳、金七娘、倒水莲、王母牛、见肿消、山萝卜、章柳

● 食用部位　嫩茎叶可食，根入药。

生长环境 主要生于海拔500米以上的沟谷、山坡、林下、林缘、路旁。

形态特征 多年生草本植物，高0.5～1.5米，全株无毛；茎直立，圆柱形，有纵沟，肉质，绿色或红紫色，多分枝；叶片薄纸质，椭圆形、长椭圆形或披针状椭圆形，顶端急尖或渐尖，基部楔形，渐狭，两面散生细小白色斑点（针晶体）；总状花序顶生或与叶对生，圆柱状，直立，通常比叶短，密生多花；花梗基部的苞片线形，上部2枚小苞片线状披针形，均膜质；花两性；花被片5片，白色、黄绿色，椭圆形、卵形或长圆形，顶端圆钝；雄蕊8～10枚，与花被片近等长，花丝白色，钻形，基部成片状，宿存，花药椭圆形，粉红色；心皮通常为8个，有时少至5个或多至10个，分离；花柱短，直立，顶端下弯，柱头不明显；果序直立；浆果扁球形，熟时黑色；种子肾形，黑色，具3棱。

食药用价值

嫩茎叶入沸水焯后炒食、做汤、掺面蒸食。根入药，以白色肥大者为佳，红根有剧毒，仅供外用。内服具有逐水消肿、通利二便之功效，常用于水肿胀满、二便不通；外用具有解毒散结之功效，可治痈肿疮毒。

野鸦椿 *Euscaphis japonica*

省沽油科 / 野鸦椿属　花期5—6月　果期8—9月

别名：红椋、芽子木要、山海椒、小山辣子、鸡眼睛、鸡肾蚵、酒药花

● 食用部位　果实泡酒，根及干果入药。

生长环境 多生于山坡、山脚、山谷和林间。

形态特征 落叶小乔木或灌木，树高1～6米；树皮灰褐色，具纵条纹，小枝及芽红紫色；叶对生，奇数羽状复叶，长12～32厘米，叶轴淡绿色，小叶5～9片，厚纸质，长卵形或椭圆形，长4～6厘米，宽2～3厘米，先端渐尖，基部钝圆，边缘具疏短锯齿，齿尖有腺体，两面除背面沿脉有白色小柔毛外余无毛，小托叶线形，基部较宽，先端尖，有微柔毛；圆锥花序顶生，花梗长21厘米，花多，较密集，黄白色，萼片与花瓣均为5枚，椭圆形，萼片宿存，花盘盘状，心皮3个，分离；蓇葖果长1～2厘米，果皮软革质，紫红色，有纵脉纹；种子近圆形，假种皮肉质，黑色，有光泽。

食药用价值

果实可泡酒。根及干果入药，有温中理气、消肿止痛、祛风散寒之效，可治胃痛、寒疝、泻痢、脱肛、子宫下垂、睾丸肿痛等症。

北美独行菜 *Lepidium virginicum*

十字花科/独行菜属　花期4—5月　果期6—7月

别名：独行菜

● 食用部位　嫩叶可食，种子入药。

生长环境 主要生于山坡、路旁、沟边、田间、草丛。

形态特征 一年生或二年生草本植物；株高50厘米；茎单一，分枝，被柱状腺毛；基生叶倒披针形，长1～5厘米，羽状分裂或大头羽裂，裂片长圆形或卵形，有锯齿，被短伏毛，叶柄长1.0～1.5厘米；茎生叶倒披针形或线形，长1.5～5.0厘米，先端尖，基部渐窄；总状花序顶生；萼片椭圆形；花瓣白色，倒卵形，和萼片等长或稍长；雄蕊2枚或4枚；短角果近圆形，顶端微缺，有窄翅；宿存花柱极短；种子卵圆形，红棕色，有窄翅；子叶缘倚胚根。

食药用价值

嫩叶洗净后用沸水焯熟，可凉拌、炒食、蒸食和做馅。种子入药，有利水平喘的功效，也作葶苈子用。

蔊菜 *Rorippa indica*

十字花科 / 蔊菜属　花期4—6月　果期6—8月

别名：野油菜、葶苈、塘葛菜、印度蔊菜

● 食用部位　嫩茎叶可食，全草入药。

生长环境 主要生于海拔1 500米以下的路旁、田边、菜地、溪边等较潮湿处。

形态特征 一年或二年生直立草本植物，株高20～40厘米；茎单一或分枝，粗壮，具纵沟；单叶互生，基生叶及茎下部叶具长柄，常大头羽状分裂，长4～10厘米，顶裂片大，卵状披针形，具不整齐牙齿，侧裂片1～5对；茎上部叶宽披针形或近匙形，疏生齿，具短柄或基部耳状抱茎；总状花序顶生或侧生，花小，多数，具细花梗；萼片4裂，卵状长圆形；花瓣4枚，黄色，匙形，基部渐狭成短爪，与萼片近等长；雄蕊6枚；长角果线状圆柱形，短而粗。

食药用价值

嫩茎叶炒食、做汤或伴食。全草入药，有解表健胃、止咳化痰、平喘、清热解毒、散热消肿等功效，可治黄疸病、疔疮红肿疼痛等症。

荠 *Capsella bursa-pastoris*

十字花科 / 荠属　　花期 3—6 月　　果期 5—7 月

别名：荠菜、地菜、蓟菜、护生草、鸡心菜、净肠菜、地米菜、菱角菜、鸡脚菜

● 食用部位　幼苗及嫩茎叶可食，全草入药。

生长环境 适应性强，喜温暖、耐冷凉，主要生长在山坡、田边、路旁、草地、田野、菜地等，也有人工栽培。

形态特征 一年或二年生草本植物，株高 10 ~ 50 厘米；茎直立，单枝或下部分枝，绿色稍被茸毛，幼苗时基生叶平铺于地面，有长叶柄；基生叶塌地丛生，披针形，先端钝，大头羽状深裂，顶裂片卵形至长圆形；茎生叶窄披针形或披针形，基部箭形，边缘有缺裂或锯齿；总状花序，顶生或腋生，花小，白色，子房上位；短角果，扁平，倒三角形；种子细小，长椭圆形，浅棕色。

食药用价值

幼苗和嫩茎叶入沸水焯后，凉拌、炒食、做馅、熬粥或煮汤。全草入药，有清热凉血、养阴生津之功效，用于治疗痢疾、水肿、淋病、乳糜尿、吐血、便血、血崩、月经过多、目赤肿疼等症。

粗毛碎米荠 *Cardamine hirsuta*

十字花科 / 碎米荠属　花期2—4月　果期4—6月

别名：白带草、宝岛碎米荠、毛碎米荠、雀儿菜、野养菜、米花香荠菜

● 食用部位　嫩茎叶可食，全草入药。

生长环境 主要生长于海拔1 000米以下的山坡、路旁、荒地、田间、草丛。

形态特征 一年生草本植物，株高15～35厘米；茎直立或斜升，分枝或不分枝，被较密柔毛，上部毛渐少；基生叶具叶柄，有小叶2～5对，顶生小叶肾形或肾圆形，边缘有3～5圆齿，侧生小叶卵形或圆形，基部楔形而两侧稍歪斜，边缘有2～3圆齿；茎生叶具短柄，有小叶3～6对，生于茎下部的与基生叶相似，生于茎上部的顶生小叶菱状长卵形，顶端3齿裂，侧生小叶长卵形至线形，多数全缘；全部小叶两面稍有毛；总状花序生于枝顶，花小，花梗纤细；萼片绿色或淡紫色，长椭圆形，边缘膜质，外面有疏毛；花瓣白色，倒卵形，顶端钝，向基部渐狭；雌蕊柱状，花柱极短，柱头扁球形；长角果线形，稍扁，无毛；果梗纤细，直立开展；种子椭圆形，顶端有的具明显的翅。

食药用价值

嫩茎叶入沸水焯熟，凉拌、炒食、做汤或做馅。全草入药，有清热利湿、安神、止血的功效，用于治疗湿热泻痢、热淋、白带、心悸、失眠、虚火牙痛、小儿疳积、吐血、便血、疔疮等症。

薤白 *Allium macrostemon*

石蒜科 / 葱属　　花期5—7月　　果期5—7月

别名：小根蒜、羊胡子、山蒜、藠头、独头蒜

● 食用部位　鳞茎可食，也可入药。

生长环境 抗性强，适应性广，常野生于海拔100～950米的山坡、路边、草地、田间、荒地，有人工栽培。

形态特征 多年生草本植物，鳞茎近球状，粗0.7～1.5厘米，基部常具小鳞茎；鳞茎外皮带黑色，纸质或膜质，不破裂；叶3～5片，半圆柱状，或三棱状半圆柱形，中空，比花葶短；花葶圆柱状，高30～70厘米，1/4～1/3被叶鞘；总苞2裂，比花序短；伞形花序半球状至球状，具多而密集的花，或间具珠芽或有时全为珠芽；小花梗近等长，比花被片长3～5倍，基部具小苞片；珠芽暗紫色，基部亦具小苞片；花淡紫色或淡红色；花被片矩圆状卵形至矩圆状披针形，内轮常较窄；花丝等长，比花被片稍长直到比其长1/3；子房近球状，腹缝线基部具有帘的凹陷蜜穴；花柱伸出花被外。

食药用价值

鳞茎可腌制酱菜或与肉类炒食。鳞茎入药，具有消食、除腻、防癌等功效，可治疗食欲不振、脘腹胀满、大便溏泄、头晕、失眠、健忘、呕吐、慢性胃炎等症。

鸡肠繁缕 *Stellaria neglecta*

石竹科 / 繁缕属　　花期4—6月　　果期6—8月

别名：鹅肠繁缕、赛繁缕

● 食用部位　幼苗及嫩茎叶可食，全株入药。

生长环境 生于各海拔区域的田边、路边、林下等地。

形态特征 一年或二年生草本植物，高30～80厘米，淡绿色，被柔毛；茎丛生，被一列柔毛；叶具短柄或无柄，叶片卵形或狭卵形，长2～3厘米，宽5～13毫米，顶端急尖，基部楔形，稍抱茎，边缘基部和两叶基间茎上被长柔毛；二歧聚伞花序顶生；苞片披针形，草质，被腺柔毛；花梗细，密被一列柔毛，花后下垂；萼片5枚，卵状椭圆形至披针形，边缘膜质，顶端急尖，内折，外面密被多细胞腺柔毛；花瓣5枚，白色，与萼片近等长或微露出，稀稍短于萼片，2深裂；雄蕊8～10枚，微长于花瓣；花柱3个；蒴果卵形，长于宿存萼，6齿裂，裂齿反卷；种子多数，近扁圆形，褐色，表面疏具圆锥状凸起。

食药用价值

幼苗及嫩茎叶入沸水焯熟，浸入冷水去除苦味后炒食、凉拌或做糊汤、饺子馅等均可。全株入药，有抗菌消炎的作用。

薯蓣 *Dioscorea polystachya*

薯蓣科/薯蓣属　花期6—9月　果期7—11月

别名：野脚板薯、野山豆、野山药

● 食用部位　块茎可食，也可入药。

生长环境 主要生于海拔450～1000米的山坡、山谷、林下、溪边、路旁、灌丛中。

形态特征 缠绕草质藤本植物；块茎长圆柱形，垂直生长，长可达1米多，断面干时白色；茎通常带紫红色，右旋，无毛；单叶，茎下部叶互生，中部以上对生，很少3叶轮生；叶片卵状三角形至宽卵形或戟形，顶端渐尖，基部深心形、宽心形或近截形，边缘常3浅裂至3深裂，中裂片卵状椭圆形至披针形，侧裂片耳状，圆形、近方形至长圆形；幼苗时一般叶片为宽卵形或卵圆形，基部深心形；叶腋内常有珠芽；雌雄异株，雄花序为穗状花序，2～8个着生于叶腋，偶尔呈圆锥状排列；花序轴明显呈“之”字状曲折；苞片和花被片有紫褐色斑点，雄花外轮花被片为宽卵形，内轮卵形，较小，雄蕊6枚，雌花序为穗状花序；蒴果不反折，三棱状扁圆形或三棱状圆形，外面有白粉；种子着生于每室中轴中部，四周有膜质翅。

食药用价值

块茎可蒸食、做汤、煮粥、做糕点等。块茎入药，有健脾胃、益肺肾、补虚羸之功效，可治疗食少便溏、虚劳、喘咳、尿频、带下等症。

多花黄精 *Polygonatum cyrtonema*

天门冬科/黄精属　花期5—6月　果期8—9月

别名：鸡爪参、老虎姜、爪子参、笔管菜、黄鸡菜、鸡头黄精

● 食用部位　嫩茎叶、花蕾、根茎可食，根茎入药。

生长环境 主要生于海拔200～1,500米的林下、灌丛、沟谷、山坡阴处，浙西南山区常见植物之一。

形态特征 多年生草本植物，株高50～80厘米；根茎圆柱形，肥大肉质，常连珠状或结节成块，稀近圆柱形，直径1～2厘米；叶互生，椭圆形、卵状披针形至长圆状披针形，稍镰状弯曲，长10～18厘米，宽2～7厘米，先端尖至渐尖；花序常具2～4花，成伞状，花序梗长1～2厘米；花梗长0.4～1厘米，俯垂；苞片生于花梗基部，膜质，钻形或线状披针形，具1脉；花被乳白或淡黄色，长0.9～1.2厘米，花被筒中部稍缢缩，裂片长约4毫米；花丝长0.5～1.0毫米，花药长2～3毫米；子房长约3毫米，花柱长5～7毫米；浆果径0.7～1厘米，成熟时黑色，具4～7粒种子。

食药用价值

在浙西南地区主要作为野菜食用，嫩茎叶、花蕾入沸水焯后凉拌、炒食或做汤，根茎可煮食、蒸食或炖食，是冬季滋补佳品。根茎入药，具有补气养阴、健脾、润肺、益肾之功效，常用于脾胃气虚、体倦乏力、胃阴不足、口干食少、肺虚燥咳、劳嗽咳血、精血不足、腰膝酸软、须发早白、内热消渴等症。

紫萼 *Hosta ventricosa*

天门冬科/玉簪属　花期6—7月　果期7—9月

别名：紫萼玉簪

● 食用部位　嫩叶可食，全草入药。

生长环境 生于海拔500～1 900米的林下、草坡、路旁等。

形态特征 多年生草本植物，根状茎粗0.3～1.0厘米；叶卵状心形、卵形至卵圆形，长8～19厘米，宽4～17厘米，先端通常近短尾状或骤尖，基部心形或近截形，极少叶片基部下延而略呈楔形，具7～11对侧脉；叶柄长6～30厘米；花葶高60～100厘米，具10～30朵花；苞片矩圆状披针形，长1～2厘米，白色，膜质；花单生，长4.0～5.8厘米，盛开时从花被管向上骤然做近漏斗状扩大，紫红色；花梗长7～10毫米；雄蕊伸出花被外，完全离生；蒴果圆柱状，有3棱，长2.5～4.5厘米，直径6～7毫米。

食药用价值

嫩叶入沸水焯后炒食。全草入药，具有止血、止痛、解毒之功效。用于吐血、崩漏、咽喉肿痛、胃痛、牙痛、胃痛、跌打损伤、虫蛇咬伤、痈肿疔疮等症。

蕨 *Pteridium aquilinum* var. *latiusculum*

碗蕨科 / 蕨属

别名：蕨菜、猴腿、狼衣、龙须菜

● 食用部位　嫩叶、根状茎可食，全株入药。

生长环境 抗逆性强，适应性广，喜阳光充足、湿润、凉爽的环境，生于海拔10米以上的山地阳坡、林缘、荒山、灌丛。

形态特征 多年生草本植物，株高1米；根状茎长而横走，密被锈黄色柔毛；叶远生，叶柄褐棕色或棕禾秆色，略有光泽，光滑，叶片阔三角形或长圆三角形，先端渐尖，基部圆楔形，三回羽状深裂；羽片对生或近对生，斜展，基部一对最大，三角形，二回羽状深裂；小羽片互生，斜展，披针形，先端尾状渐尖，基部近平截，具短柄，一回羽状；裂片10～15对，平展，长圆形，钝头或近圆头，基部不与小羽轴合生，分离，全缘；叶上面无毛，下面在裂片主脉上多少被棕色或灰白色的疏毛或近无毛；叶轴及羽轴均光滑，小羽轴上面光滑，下面被疏毛，少有密毛，各回羽轴上面均有深纵沟1条，沟内无毛。

食药用价值

嫩叶作蔬菜，有“山菜之王”之美称，入沸水焯后浸泡，凉拌、炒食或做汤，也可腌制或制作干菜；根状茎富含淀粉，提取后干制成蕨粉，可炒食或用开水冲食。全株均可入药，性味甘、寒，具有清热、滑肠、降气、化痰、舒筋活络等功效，可治疗食嗝、气嗝、肠风热毒等症，又可作驱虫剂。

破铜钱 *Hydrocotyle sibthorpioides* var. *batrachium*

五加科/天胡荽属　✿ 花期4—5月

别名：小叶铜钱草、铜钱草、鹅不食草

● 食用部位　嫩茎叶可食，全草入药。

生长环境 生于海拔50米以上的路旁、草地、河沟边、湖滩、溪谷及山地。

形态特征 多年生草本植物，与天胡荽（见P98）基本相似，主要区别在于破铜钱叶裂深，基本到茎基部，而天胡荽叶裂较浅。茎匍匐地面，节处生根，光滑无毛；单叶互生，圆形或近肾形，基部心形，5～7浅裂，裂片短，有2～3个钝齿，上面深绿色，绿色或有柔毛，或两面均自光滑至微有柔毛；叶柄纤弱；伞形花序与叶对生，单生于节上；总苞片4～10枚，倒披针形；每伞形花序具花10～15朵，花无柄或有柄；萼齿缺乏；花瓣卵形，呈镊合状排列，绿白色；双悬果略呈心脏形；分果侧面扁平，光滑或有斑点，背棱略锐。

食药用价值

嫩茎叶可与猪肚、排骨、牛肉等炖食，也可加盐腌制成酱菜。全草入药，具有宣肺止咳、利湿去浊、利尿通淋等功效，可治疗石淋、黄疸、肝炎、肾炎、肝火头痛、火眼、百日咳等症。

楤木 *Aralia elata*

五加科 / 楤木属　花期6—8月　果期9—10月

别名：刺老鸦、刺龙牙、龙牙楤木、刺嫩芽

● 食用部位　嫩芽可食，根皮和茎皮入药。

生长环境 主要生于各海拔区域的林中、路边。

形态特征 灌木或小乔木，高1.5～6.0米，树皮灰色；小枝灰棕色，疏生多数细刺；嫩枝上常有细长直刺；叶为二回或三回羽状复叶；叶柄无毛；托叶和叶柄基部合生，先端离生部分线形，边缘有纤毛；叶轴和羽片轴基部通常有短刺；羽片有小叶7～11对，基部有小叶1对；小叶片薄纸质或膜质，阔卵形、卵形至椭圆状卵形，先端渐尖，基部圆形至心形，稀阔楔形，无毛或两面脉上有短柔毛和细刺毛，边缘疏生锯齿；圆锥花序伞房状，伞形花序直径1.0～1.5厘米，有花多数或少数；总花梗长0.8～4.0厘米，均密生短柔毛；苞片和小苞片披针形，膜质，边缘有纤毛；花黄白色；花瓣5枚，卵状三角形，开花时反曲；子房5室；花柱5个，离生或基部合生；果实球形，黑色，有5棱。

食药用价值

嫩芽入沸水焯后，可炒食、做汤或和面蒸食，根皮可用于烧肉、泡酒。根皮和茎皮入药，具有除湿活血、安神祛风、滋阴补气、强壮筋骨、健胃利尿等功效，用于治疗风湿性关节炎、阳痿和糖尿病等症。

树参 *Dendropanax dentiger*

五加科 / 树参属　花期8—10月　果期10—12月

别名：鸭掌柴、鸭脚板、枫荷梨、偏荷枫、鸭脚木、梨荷枫、半荷枫、梨枫桃、木荷枫、五加皮、疯气树、半边枫、边荷枫、白山鸡骨、金鸡趾

● 食用部位　嫩叶芽可食，根、茎、叶入药。

生长环境 主要生于海拔200～1 800米的常绿阔叶林或灌丛中。

形态特征 乔木或灌木，高2～10米，叶片厚纸质或革质，叶形变异很大，不分裂叶片通常为椭圆形，分裂叶片倒三角形，两面均无毛，边缘全缘，或近先端处有不明显细齿1个至数个，或有明显疏离的牙齿；叶柄长0.5～5.0厘米，无毛；伞形花序顶生，单生或聚生成复伞形花序；总花梗粗壮，花瓣5枚，三角形或卵状三角形；雄蕊5枚，花柱5个，基部合生，顶端离生；果实长圆状球形，稀近球形；宿存花柱长1.5～2.0毫米。

食药用价值

嫩叶芽可腌制储存，供炒食、做汤、做馅、蘸面酱、拌面食、拌凉菜等。根、茎、叶入药，有祛风除湿、活血消肿之功效，可治偏头痛、风湿痹痛等症。

天胡荽 *Hydrocotyle sibthorpioides*

五加科 / 天胡荽属　花期4—9月　果期4—9月

别名：羊皮锦、铺地锦、石胡荽、细叶钱凿口、小叶铜钱草、圆地炮、满天星

● 食用部位　嫩茎叶可食，全草入药。

生长环境 主要生于不同海拔区域湿润草地、沟边、林下、路边、田边、溪边。

形态特征 多年生草本植物，全株有气味；茎细长而匍匐，平铺地上成片，节上生根；叶片膜质至草质，圆形或肾圆形，基部心形，两耳有时相接，不分裂或5～7裂，裂片阔倒卵形，边缘有钝齿，表面光滑，背面脉上疏被粗伏毛，有时两面光滑或密被柔毛；叶柄无毛或顶端有毛；托叶略呈半圆形，薄膜质，全缘或稍有浅裂；伞形花序与叶对生，单生于节上；花序梗纤细，短于叶柄；小总苞片卵形至卵状披针形，膜质，有黄色透明腺点，背部有1条不明显的脉；小伞形花序有花5～18朵，花无柄或有极短的柄，花瓣卵形，绿白色，有腺点；花丝与花瓣同长或稍超出，花药卵形；果实略呈心形，两侧扁压，中棱在果熟时极为隆起，幼时表面草黄色，成熟时有紫色斑点。

食药用价值

嫩茎叶入沸水焯熟后，与猪肚、排骨等炖食。全草入药，有清热、利尿、消肿、解毒之功效，可治疗黄疸、赤白痢疾、目翳、喉肿、痈疽疔疮、跌打瘀伤等症。

细柱五加 *Eleutherococcus nodiflorus*

五加科 / 五加属　花期4—8月　果期6—10月

别名：五加、五花、文章草、白刺、追风使、木骨、金盐、豺漆、豺节

● 食用部位　嫩叶可食，根皮入药。

生长环境 生于各海拔区域的灌木丛林、林缘、山坡、路旁。

形态特征 灌木，高2～3米；枝灰棕色，软弱而下垂，蔓生状，无毛，节上通常疏生反曲扁刺；叶有小叶5片，稀3～4片，在长枝上互生，在短枝上簇生；叶柄无毛，常有细刺；小叶片膜质至纸质，倒卵形至倒披针形，长3～8厘米，先端尖至短渐尖，基部楔形，两面无毛或沿脉疏生刚毛，边缘有细钝齿；伞形花序单个（稀2个）腋生，或顶生在短枝上，直径约2厘米，有花多数；总花梗长1～2厘米，结实后延长，无毛；花梗细长，长6～10毫米，无毛；花黄绿色，萼边缘近全缘或有5小齿；花瓣5枚，长圆状卵形，先端尖，长2毫米；雄蕊5枚，花丝长2毫米；子房2室；花柱2个，细长，离生或基部合生；果实扁球形，长约6毫米，宽约5毫米，黑色；宿存花柱长2毫米，反曲。

食药用价值

嫩叶可炒食，根皮可泡酒饮，有祛风除湿、活血止痛、清热解毒、补肾强骨之功效。

凹头苋 *Amaranthus blitum*

苋科/苋属　花期7—8月　果期8—9月

别名：野苋菜、银子菜

● 食用部位　幼苗及嫩茎叶可食，全草入药。

生长环境 主要生于田野、路边、荒地、草地等。

形态特征 一年生草本植物，株高10～30厘米；全体无毛，茎伏卧而上升，从基部分枝，淡绿色或紫红色；叶片卵形或菱状卵形，长1.5～4.5厘米，宽1.0～3.0厘米，顶端凹缺，有1芒尖，或微小不显，基部宽楔形，全缘或稍呈波状；花成腋生花簇，直至下部叶的腋部，生在茎端和枝端者成直立穗状花序或圆锥花序；苞片及小苞片矩圆形；花被片矩圆形或披针形，顶端急尖，边缘内曲，背部有1隆起中脉；雄蕊比花被片稍短；柱头3个或2个，果熟时脱落；胞果扁卵形，长3毫米，不裂，微皱缩而近平滑，超出宿存花被片；种子环形，直径约12毫米，黑色至黑褐色，边缘具环状边。

食药用价值

幼苗及嫩茎叶入沸水焯熟，可凉拌、炒食、做汤或做馅。全草入药，具有明目、利大小便、祛寒热、清热解毒等功效，可治疗跌打损伤、骨折肿痛、恶疮肿毒等症。

刺苋 *Amaranthus spinosus*

苋科 / 苋属　　花期7—11月　　果期7—11月

别名：勒苋菜、竻苋菜

● 食用部位　幼苗及嫩茎叶可食，全草入药。

生长环境 抗逆性强、适应性强，常见野生于荒地、路边、山坡等地。

形态特征 一年生草本植物，高30～100厘米；茎直立，圆柱形或钝棱形，多分枝，有纵条纹，绿色或带紫色，无毛或稍有柔毛；叶片菱状卵形或卵状披针形，顶端圆钝，具微凸头，基部楔形，全缘，无毛或幼时沿叶脉稍有柔毛；叶柄旁有2刺；圆锥花序腋生及顶生，长3～25厘米，下部顶生花穗常全部为雄花；苞片在腋生花簇及顶生花穗的基部者变成尖锐直刺，长5～15毫米，在顶生花穗的上部者狭披针形，顶端急尖，具凸尖，中脉绿色；小苞片狭披针形；花被片绿色，顶端急尖，具凸尖，边缘透明，中脉绿色或带紫色，在雄花者矩圆形，在雌花者矩圆状匙形，雄蕊花丝略与花被片等长或较短，柱头3个，有时2个；胞果矩圆形，在中部以下不规则横裂，包裹在宿存花被片内；种子近球形，黑色或带棕黑色。

食药用价值

幼苗及嫩茎叶入沸水焯熟，可凉拌、炒食、做汤或做馅。全草入药，有清热解毒、散血消肿的功效，内服用于痢疾、肠炎、十二指肠溃疡出血、痔疮便血，外用治疗毒蛇咬伤、皮肤湿疹、疖肿脓疡等症。

多脉榆 *Ulmus castaneifolia*

榆科 / 榆属　花期3—4月　果期3—4月

别名：锈毛榆

● 食用部位　种子可食，也可入药。

生长环境 主要生于海拔1 600米以下的山坡、山谷的阔叶林中。

形态特征 落叶乔木，高达20米，胸径50厘米；树皮厚，淡灰色至黑褐色，纵裂成条状或成长圆状块片脱落；小枝较粗，无木栓翅及膨大的木栓层，当年生枝密被白色至红褐色或锈褐色长柔毛，上年生枝多少被毛，稀无毛，淡灰褐色或暗褐灰色，具散生黄色或褐黄色皮孔；冬芽卵圆形，常稍扁，芽鳞两面均有密毛；叶长圆状椭圆形、长椭圆形、长圆状卵形、倒卵状长圆形或倒卵状椭圆形，质地通常较厚，先端长尖或骤凸，基部常偏斜，一边耳状或半心脏形，一边圆形或楔形，叶面幼时密生硬毛，后渐脱落，平滑或微粗糙，叶背密被长柔毛，边缘具重锯齿，叶柄密被柔毛；花在上年生枝上排成簇状聚伞花序；翅果长圆状倒卵形、倒三角状倒卵形或倒卵形，仅顶端缺口柱头面有毛，果核位于翅果上部，宿存花被无毛，4～5浅裂，裂片具缘毛，果梗密生短毛。

食药用价值

种子可生吃、炒食、煮粥或蒸食，有健脾安神、清心降火、止咳化痰、清热利水、杀虫消肿的功效，主治失眠、食欲不振、带下、小便不利、水肿、小儿疳热羸瘦、烫火伤、疮癣等症。

凤眼莲 *Eichhornia crassipes*

雨久花科 / 凤眼莲属　花期7—10月　果期8—11月

别名：水葫芦、水浮莲、凤眼蓝

● 食用部位　嫩茎叶可食，全株入药。

生长环境 生于海拔200～1 500米的水塘、沟渠及稻田中。

形态特征 浮水草本植物，高30～60厘米；茎极短，具长匍匐枝，与母株分离后长成新植株；叶基生，莲座状，圆形、宽卵形或宽菱形，长4.5～14.5厘米，宽5～14厘米，顶端钝圆或微尖，基部宽楔形或在幼时为浅心形，全缘，具弧形脉，光亮，质地厚实；叶柄长短不等，光滑，叶柄基部有鞘状苞片，薄而半透明；花葶多棱；穗状花序，通常具9～12朵花；花被裂片6枚，花瓣状，卵形、长圆形或倒卵形，紫蓝色，花被片基部合生成筒，外面近基部有腺毛；雄蕊6枚，花丝上有腺毛，顶端膨大；花药箭形，基着，蓝灰色，2室，纵裂；柱头上密生腺毛；蒴果卵形。

食药用价值

嫩茎叶入沸水焯后，可炒食或做汤。全株入药，有清凉解毒、除湿、祛风热等功效，外敷可治热疮。

棕榈 *Trachycarpus fortunei*

棕榈科 / 棕榈属 花期4月 果期12月

别名：棕树

● 食用部位 花可食，果实、叶、花、根入药。

生长环境 生于海拔1 500米以下的疏林中，通常仅见人工栽培于村旁。

形态特征 乔木状，高3～10米或更高；树干圆柱形，被不易脱落的老叶柄基部和密集的网状纤维；叶片近圆形，深裂成30～50片具皱折的线状剑形；叶柄两侧具细圆齿，顶端有明显的戟突；花序粗壮，雌雄异株；雄花序具有2～3个分枝花序，一般只二回分枝；雄花无梗，每2～3朵密集着生于小穗轴上，也有单生的，黄绿色，卵球形，钝3棱；花萼3片，卵状急尖，几分离，花瓣阔卵形；雌花序梗上有3个佛焰苞包着，具4～5个圆锥状的分枝花序，2～3回分枝；雌花淡绿色，通常2～3朵聚生，花无梗，球形，萼片阔卵形，3裂，基部合生，花瓣卵状近圆形；果实阔肾形，有脐，成熟时由黄色变为淡蓝色，有白粉，柱头残留在侧面附近；种子胚乳均匀，角质，胚侧生。

食药用价值

花可炒食、炖肉、烧汤。果实、叶、花、根等均可入药，有收敛止血、降压、解毒之功效，用于治疗鼻衄、吐血、尿血、便血、高血压、腹泻、痢疾、功能性子宫出血、带下等症。

Chapter 2

第二章 种苗繁育技术

种苗繁育分无性繁殖和有性繁殖两类，有些野菜两种繁殖方式均可，本书选择最方便操作、繁殖率最高的繁殖方式进行介绍。

无性繁殖

一、蘘荷种苗繁育（分株繁殖）

蘘荷虽开花结实，但种子发芽率低、生长缓慢。采用地下茎繁殖，生长快，定植当年即可有少量收获，因此，在实际生产中一般采用地下茎分割繁殖方式。

1. 种苗选择

（1）原生产基地种苗。在原来生产种植的田块，将生长整齐、结球个数多的植株进行标记，作为翌年种苗繁育的首选。

（2）野外种苗。蘘荷在浙西南山区以野生为主，为保证种苗质量，在收集保存前适时观察，选择生长整齐、结球个数多的起苗。

2. 种苗繁育基地建设

蘘荷喜温怕寒，怕干旱，不耐涝，喜有机质丰富、中性或微酸性土壤。在浙西南山区应选择海拔500米以上、夏季气候冷凉、年降雨充沛、云雾缭绕的环境为佳，海拔300米以下的低山和丘陵地区须注意遮阴，选择地势高燥、能排能灌的沙壤土种植，并以高矮作物搭配为佳。

3. 种苗基地管理

对于原生产基地，在当年采收完毕后，对标记的种苗施1次基肥，每亩[①]施有机肥200～300千克，然后再覆盖一层谷壳或稻草等保持土温，防止杂草丛生，保障翌年地下茎生长良好。对于专门用于种苗繁育的基地，在当年定植时，适当增加种植密度，行距50厘米，株距30厘米，每亩可栽植种苗3 800蔸左右。

4. 种苗管理

（1）起苗时间。浙西南山区海拔600米以上区域一般在4月初出苗后分蔸分株繁殖为佳，低海拔区域一般在3月中下旬出苗后分蔸分株繁殖为佳。

温馨提示

为减少种苗挖时损伤，一般待出苗40%后，再进行分蔸分株。

（2）分株起苗。在出苗处开挖时，应小心浅挖为先，避免造成损伤，待挖至整个种球露出后再进行整株起苗，起苗后应轻拿轻放避免苗或芽头受损。

（3）种苗分割。一般用地下茎分割繁殖，地下茎选用种苗的标准是饱满、节密、鲜亮、粗壮、不干缩、质地硬、未受冻，在分割时，确保每个节段有

① 亩为非法定计量单位，1亩=1/15公顷。——编者注

2～3个健壮嫩芽。

二、三脉紫菀种苗繁育（根茎繁殖）

三脉紫菀种子很小，收集种植不便，又常与其他种子混杂，故不采用种子繁殖。三脉紫菀是多年生植物，地下根茎发达，易于采集繁殖，本书主要介绍根茎繁殖方式。

1. 种苗选择

三脉紫菀可选择野生种作为种苗栽植，一般选择叶片嫩绿、无病、生长健壮、分蘖多的为好。11月上旬以后，当叶片枯萎时，挖取地下根茎，选择粗壮、节密、稍带紫红色、无病虫伤斑痕、近地面生长的根茎作为种苗。

2—3月春栽，可随挖随栽，将选好的根茎切成长6～10厘米的小段，每段确保有2～3个芽眼。

2. 种苗栽植

（1）栽植时期。冬季11—12月或春季2—4月均可进行，冬季栽植翌年根系生长更健壮、抽生能力更强，采用春栽第一年生长势相对弱。

（2）栽植方法。在整好的平畦内，按行距25～30厘米，开5～6厘米深的种植沟，然后将原种每隔10～15厘米放1撮，每撮放2～3段，芽眼向上，然后覆土整平，稍镇压。

3. 种苗管理

（1）中耕除草。栽后盖一层薄草如稻草等覆盖物，待出苗后，及时揭去覆盖物，浇水后或雨后及时中耕除草，除草时不宜深锄，保持田间土壤疏松无杂草即可。

（2）苗期适当灌水。5—6月进入生长旺盛期，应多浇水勤松土；6—7月，每亩施过磷酸钙12～15千克、硫酸钾5千克，开浅沟，将肥料撒入沟内，覆土；8—9月根系发育期需适当灌水，如遇雨季多水要注意排水。

三、豆腐柴种苗繁育（扦插繁殖）

豆腐柴一般于3月下旬发芽，5月中旬开始孕蕾并陆续开花结实；6月下旬至7月中旬为结实期，自下而上逐渐成熟，成熟的果实不易脱落，可一直保留到10月，10月下旬叶片全部干枯凋落。生育期约120天，生长期约180天。豆腐柴种子繁殖比较困难，虽然其结实率较高，千粒重达17.5克左右，但因其种子休眠时间长，发芽成苗率低，且对其种子发芽的条件研究尚不够，至今仍未见有用种子繁殖成功的先例。用茎枝扦插进行无性繁殖成活率可达70%～80%。据试验，豆腐柴在生长期内割枝条或摘取叶片3～4次，仍能再生，其再生能力强。

目前农民种植主要靠上山挖取野生种苗、老桩。自然采集简便易行，于每年秋冬、早春上山挖取栽种即可，但采集的种苗数量有限，质量参差不齐，难以满足规模化生产的种苗需求。如要实现大面积规模化栽培种植，可采取扦插育苗繁殖，以满足规模化种植对种苗的需求。

1. 扦插苗床准备

（1）露地苗床选择。以选择交通便利、管理方便、地势平坦、水源充足洁净、排灌自如、肥力中上、土层深厚、结构疏松的沙壤土地块为宜。所选苗圃如是旱作熟地，疑有病菌残留的，应在翻耕整地时每亩撒施生石灰50～60千克进行土壤消毒处理。

（2）无土基质苗床准备。采用无土扦插育苗，宜选择疏松、透气性好、保水性好的育苗基质，一般采用蔬菜专用育苗基质，也可采用珍珠岩：泥炭＝1：2的混合配方。

2. 扦插材料准备

（1）扦插枝条选择。插穗应选择半木质化新梢，半木质化一年生以上枝条扦插成活率明显高于嫩枝，在温度和湿度适宜条件下，一年生枝条切段较易生根。因此扦插枝条应选取一年或二年生健壮萌条，枝条无病虫害，芽饱满。

（2）扦插前剪枝。枝条采集后去除叶片，剪成具有2～3个饱满潜伏腋芽的短穗，剪取短穗时，下端剪口与叶片生长方向平行，成斜面，下切口离最下部叶片的距离为3～5厘米；上端剪口应在高于腋芽0.2～0.5厘米处呈45°角切断，剪成长12～15厘米的插穗。

3. 扦插前处理

（1）扦插时间。豆腐柴的扦插育苗应在10—12月或2—3月萌芽前进行。

（2）扦插前药剂处理。豆腐柴属于易生根树种，生根剂对木质化程度高的老枝插穗影响较大。扦插前选择NAA、吲哚丁酸或ABT，浸泡至插穗基部以上2～3厘米处。

4. 扦插

按一定的方向和行株距扦插。扦插前将畦面浇一次水（以土粒不粘手为宜），然后按行距5～10厘米、株距5～10厘米、扦插深度3～5厘米扦插，以两个腋芽露出地面为准，按照统一方向插齐，将基部土壤轻轻压紧，使插穗与土壤紧密接触，以利发根。

5. 扦插后管理

（1）遮阴覆盖。扦插前畦面浇足水后，覆盖地膜保湿并防止杂草生长。扦插应选在阴天或在晴天的11:00前或16:00后进行。

温馨提示

大田扦插后可以搭小拱棚盖上一层膜，在高温、光照强时可以覆盖一层遮阳网，避免光线太强、水分蒸发过快而导致失水过多。

（2）水分管理。发根前总的原则是保持土壤及空气湿润，但水分过多会影响土壤通气性，不利发根长苗，因此应灵活掌握，及时浇水或排水。

（3）温度管理。扦插发根最适宜的气温是20～30℃，25℃左右时效果最好。

（4）施肥管理。一般在扦插后35天左右插穗长出新根，不同扦插季节抽生新根时间会有所差异。在新梢萌发时进行第1次施肥，用0.5%尿素溶液浇施。以后每隔30～40天，增加浓度进行浇施。如用固体肥料撒施，应在施肥后随即用清水淋浇苗木，以免肥料附着造成肥害。

（5）除草摘蕾。如果畦面没有覆盖地膜，第1次除草一般都结合第1次施肥进行，由于插穗矮小，应尽量做到见草就除，先期除草1～2次。除草时应用一只手按住插穗根茎，另一只手轻轻将杂草连根拔除。以后插穗根茎附近的杂草除用手拔除外，可用小锄头进行浅除。在除草施肥等苗床管理过程中，如发现有花蕾，应及时用手轻轻摘除，以利集中营养，便于培育壮苗。如果扦插前覆盖地膜的则不需除草，只需去除花蕾即可。

6. 移栽定植

将苗木竖立于穴中理顺根系，保持根系舒展。覆土至栽种穴的一半后，稍作提苗压实覆土，再覆土至与畦面持平，压实，最后再在其上覆盖一层1厘米左右厚的松土。栽种的深度以超过原苗床根际1厘米左右为宜。

温馨提示

栽种时可对扦插苗进行适当处理。如果苗木过于嫩长，则剪去顶部嫩弱茎叶，留高30厘米左右。若一根系过长，则适当剪去根端部分，以免栽种时根系扭曲。

四、黄花菜种苗繁育（分株、根状茎带芽切块、切片繁殖）

黄花菜种苗繁育分有性繁殖（种子繁殖、杂交选育）和无性繁殖（分株、芽块、切片、扦插、组培等）两大类。目前生产上主要采用分株繁殖的方式，也有部分地区采用根状茎带芽切块繁殖、切片繁殖、种子繁殖等方法进行黄花菜的育苗繁殖。本书主要介绍分株繁殖、根状茎带芽切块繁殖和切片繁殖三种方式。

1. 分株繁殖

（1）分株时间。目前采用自然蘖分株繁殖方法，结合春秋季中耕施肥更新复壮，春季在3月、秋季在10月进行。

（2）分株方式。结合更新复壮的分株方式主要有部分更新、隔蔸更新、全部更新3种。

（3）分株。一是将母株从全部挖出，重新分栽，一般结合植株的更新复壮进行。二是从每株丛一侧连根挖出1/4 ～ 1/3的分蘖株做种苗，其余的继续生长。一般采株量不宜超过1/3，以免影响老株丛第2年的产量。将挖出的老根蔸分蘖苗分为单株，只保留2～3层新根，修剪掉老腐根，除去枯叶、杂草等，优选具有原种株典型经济性状的健康单株作为扩栽种材备用。

（4）种苗生产。种苗挖出后按株分开或每2 ～ 3个芽片为一丛，从根到短缩茎割开，剪除下部2～3年的老根、朽根和病根，并将长条肉质根适当剪短，约留10厘米长即可。肉质根和块根剪除一半，秋季单苗分蘖数比未剪根者少。一般1亩原种苗可供5 ～ 8亩新田用苗，栽后第1年可采摘少量花蕾，第2年开始进入盛产期。

2. 根状茎带芽切块繁殖

黄花菜的根状茎上有顶芽、侧芽，每节上还有隐芽。黄花菜每个多年生的根状茎上都着生有许多乳状突起的隐芽簇，每个隐芽簇又有6个潜伏芽。隐芽一般不萌发，只有当主侧芽损伤时，隐芽才萌发长出新的个体，年限短的隐芽簇生活力强，多优先发育。根据黄花菜的这一特性，以及根状茎和肉质根中含有大量营养物质的特点，提出了根状茎带芽切块繁殖育苗的方法，有效提高了繁殖系数（一般单株可分芽4 ～ 10块育成苗株）。

（1）种株选择。选择无病虫害的健壮母株的根状茎，挖出后按自然分蘖掰开，除去叶鞘及朽根、残叶，露出主侧芽。种株选择春、秋两季均可进行，但以秋季较好。

（2）分芽方法。先将根状茎顶端1年生茎段与其上着生的顶芽、侧芽及2年生根状茎段与其上的侧芽分别切成3个芽块。然后将剩下的根状茎从2列隐芽连线的中间垂直方向，自上向下纵切成2条，再横切成小块。切法较多，可纵切、横切、纵横切、斜切或多次纵切、破芽切等。切时要尽量少伤生长点和根条，要求每块种苗分别带有生长点以及部分母根状茎茎盘。每个芽块长约1厘米，带1个芽，尽量多留根，最少留3 ～ 5条长3 ～ 6厘米的肉质根，以利定植后养分供给。

（3）育苗移栽定植。切块后用1%磷酸二氢钾溶液浸蘸，满足出苗发棵时对磷、钾元素的需求，并堆块催芽。从种株上端剪下的3个芽块，可以直接栽植到大田中，但最好是和其余芽块一起先行播种育苗。苗床整平后开沟栽植，行距20厘米，株距6厘米，苗期2个月左右。移栽定植前灌好底水，定植时选用带叶的芽块，可将叶剪留7厘米左右，定植后露出地面2厘米即可。出苗后及时松土、锄草和防治病虫害。

3. 切片繁殖

（1）母株选择。切片育苗应选择优质高产、抗逆性强、健壮无病、分蘖力中等偏上的种株。

（2）切片方法。黄花菜采收完毕后，挖出种株，将芽片一株株分开，去除短缩茎周围的毛叶、枯叶，留叶长3～5厘米，剪去上端后，将根状茎自上向下纵切成两片，再依根状茎粗细切片，若根状茎足够粗要继续再分。每株可分切成2～6株，最多可达10株。

（3）育苗移栽。切片后，首先用多菌灵浸种消毒10分钟，晾干后，用细土或草木灰混合土育苗。接着整平苗床，按行距6～10厘米开沟，再以株距3～6厘米斜栽入芽片，伤口朝内，芽点向上，然后灌水，再覆一层细土。栽后温度保持在18～28℃为宜，苗期保持土壤湿润，在适宜温度条件下大概7天左右幼苗即可出土，当苗长至6～10厘米高时即可移栽。

温馨提示

移栽前可以先剪去叶子，自上向下将苗茎纵切成两片，切口撒上干细土，30天后再剪去新抽生的叶片，从另外一个方向再次纵切。这样每株又可形成4株幼苗。

五、木槿种苗繁育（扦插繁殖）

木槿的繁殖方法主要包括播种、扦插、分株、压条、组培等，在生产中一般以扦插育苗繁殖为主。木槿扦插育苗是指从木槿母体上剪取一段茎，在温度、水分、湿度等适宜的条件下促使其成为独立植株的育苗方法。根据扦插育苗的季节和插条的木质化程度分为嫩枝扦插和硬枝扦插。嫩枝扦插又称绿枝扦插，其主要是利用母株半木质化或未木质化的枝条进行扦插，由于这种枝条处于生长发育阶段，枝内含有各种生长激素，且细胞的分生组织较为活泼，易产生愈伤组织，从而提高扦插的生根率和成活率。硬枝扦插又称为休眠枝扦插，扦插枝条的截取时间主要在木槿落叶到翌年枝条萌发前。与嫩枝扦插相比，硬枝扦插育苗较为简单，插穗资源更为丰富，目前生产上一般以硬枝扦插为主。

1. 扦插苗床准备

选择水源充足、光照条件好、地势平坦的田块作为苗床。在苗床上撒施5厘米厚腐熟有机肥，经人工或机械混匀后将苗床耙平，如有条件，可以在苗床上铺5～10厘米厚的育苗基质。再在床面上搭设毛竹小拱棚，在扦插前将苗床浇透水。

2. 扦插

一般在木槿枝条萌发前采穗，采穗应选择无风的天气，如果采穗的当天温度较高，应在9:00前或者傍晚进行采穗。采穗时应剪取母株中上部、生长健壮、无病虫害且木质化的1年生以上枝条，如果母株较大，最好剪取树干基本萌发的枝条。硬枝扦插多选择在春季进行。

温馨提示

剪取的穗段应注意进行保湿，防止穗段因干燥失水而影响萌发。

（1）插穗制作。选择生长健壮的多年生木槿做母株，于10—12月或3月至4月中旬木槿刚开始萌动时，从母株上剪取1年生以上枝条做穗材，将穗材剪成8～10厘米长的段，下剪口离节0.5～1.0厘米，剪口平滑。摆齐下切口并捆成小捆，可以先放在盛水的容器中，保持基部能蘸水，以防止插穗失水。在扦插前浸蘸ABT生根粉1 000倍液，速蘸5～10秒。

（2）扦插。扦插前将基质均匀喷透水，如果沙床过硬，可用耙子耧一下，松散后再插，以防止剪口破皮感染病菌，影响切口愈伤组织形成。将插穗按照10厘米×10厘米的行株距扦插并压实，插穗直立床面，忌倒伏。扦插深度3～5厘米，插后及时喷透水。扦插3天后，开始每隔3天喷多菌灵溶液，以防止插穗腐烂。可以搭小拱棚覆盖薄膜，保持棚内温度15～25℃，相对湿度不低于80%。春季插后7天左右可长出愈伤组织，适温条件下15天左右可长出不定根，20天后可逐步撤除薄膜。冬季则覆盖地膜后再扦插，然后再搭小拱棚进行保温保湿。木槿扦插成活率高，一般扦插生根率达90%以上。

插穗一般在扦插1个月左右生根出芽。若采用塑料大棚等保温增温设施，也可在秋季落叶后进行扦插育苗。先将剪好的插穗用NAA溶液（生根剂）浸泡18～24小时，再插到苗床上，及时浇水，覆盖农膜，保持温度18～25℃，相对湿度85%以上，生根后移到苗圃地培育。

木槿扦插极易生根，可进行直插栽培，即直接将插穗按栽培密度插入定植穴中，不需移栽定植；也可用长枝条直插栽培，要深入土中20厘米以上，以防倒伏和由于根系过浅而受旱害。

3. 扦插后管理

（1）水分管理。扦插完毕后，要先浇透1次水。扦插前期，插穗尚未萌发，水分不宜太多，一般7天左右浇1次即可。1个月之后，插穗开始生根、抽梢，耗水量逐渐增大，应3～5天浇1次水。浇水量应根据土壤湿度和空气湿度确定，做到土壤干湿适度。

（2）插穗促生长措施。春季扦插，当去掉薄膜后，插穗萌芽抽生叶片，每5～7天喷施0.2%磷酸二氢钾溶液1次，连续喷施3次，以增加营养物质的供给，促进插穗根系生长。5月底，床面撒施尿素1次，能有效加快根系和新梢生长。8月中旬开始控制水肥，以促进新枝木质化。

六、菊芋种苗繁育（块茎繁殖）

菊芋是一种多年生宿根性草本植物，有块状的地下茎及纤维状根，根系发达，繁殖能力极强。块茎在6～7℃时萌动发芽，8～10℃出苗，幼苗能耐1～2℃低温，18～22℃和12小时日照有利于块茎形成，块茎可在−40～−25℃的冻土层内安全越冬。

1. 块茎处理

（1）块茎准备。春季解冻后，选择重20克以上的块茎播种。菊芋上年收获后有块茎残存土中，翌年可不再播种，但为了植株分布均匀，过密的地方要疏苗，缺株的地方要补栽。

（2）块茎处理。菊芋在播种前5～7天要晒种，结合晒种选择无病虫害、无损伤的种茎，待芽变紫色时切种，用经过消毒的利刀沿块茎顶端自上而下纵切成小块，每块重20～25克，每块留1～2个芽。在生产过程中要注意平分顶芽，以提高出苗率，使苗壮、苗齐。

温馨提示

为了使种茎的切口愈合良好，可以用草木灰或者生石灰粉拌切好的芽块。在切种的过程中容易传播病害，要备好盐水、75%酒精或0.5%高锰酸钾溶液，每切完一块立即对切刀进行消毒。

2. 播种方法

（1）播种时间。菊芋播种可以在春季或秋季进行。秋季播种最迟要在11月上旬（立冬前）完成。翌年3月地温开始回升，冬眠的菊芋块茎逐渐由冰冻状态复苏过来。浙江春季播种时间在3月上中旬，采用垄作。

（2）播种密度。播种行距50厘米，株距35～40厘米，深度15厘米左右。黏土地栽种深度要浅些，沙质土栽种深度要深些，播后覆土厚度5～10厘米。播种时，种芋芽眼朝上，用种量1 200～1 275千克/公顷。

温馨提示

菊芋是一种1次种植能够多次收获的植物，在生产中为了达到合理的种植密度，获得良好的田间生长环境，应及时进行疏苗和补栽。

七、野百合种苗繁育（鳞茎繁殖）

野百合以鳞茎、鳞片、珠芽繁殖为主，也可用种子繁殖，其中以分小鳞茎法最常用，鳞片扦插法应用也较多。分珠芽和种球播种法，仅适用于少数种类。

1. 分小鳞茎法

每年秋季收获鳞茎时，在茎的地下茎节上着生有几个大小不等的小鳞茎，可以将这些小鳞茎作为翌年生产用的种苗，再培养1年，第2年即可开花，为使百合多生小鳞茎，可采用如下措施：

（1）适当深栽。将鳞茎适当深栽，使茎的地下部位相对增长，有利于产生小鳞茎。

（2）剪上部茎叶。开花后，将地上茎剪去上部茎叶，留40厘米，可促使地下茎节形成小鳞茎。

（3）压茎浅埋。花后将茎压倒浅埋土中，促使叶腋间形成小鳞茎。

（4）切茎埋土。花后将茎带叶切成小段，每段带叶3～4片浅埋在湿沙土中。经过一定时间，在叶腋内可产生小鳞茎。

2. 鳞片扦插法

选生长发育健康、长势良好的百合，在其开花后挖取鳞茎，晾晒干燥数日，待鳞茎失去水分、表面稍皱缩时剥下鳞片，每个鳞片上都要有茎盘，将鳞片基部向下斜插于腐殖质土中，插后浇透水，之后使土壤保持一定湿度，但浇水不宜过多，否则易腐烂。

3. 种球播种法

秋栽，一般在9月下旬至10月上旬。选取中等大小（50克左右）、色泽洁白、无病斑的种球做种用。种球用2%福尔马林溶液浸泡15分钟进行消毒，取出晾干后播种，播种时要根据种球大小分级栽种，使植株生长一致，便于管理，提高产量。

百合宜浅种，切忌土层过厚。开沟栽种，行株距为50厘米 ×20厘米，沟深9～12厘米。每亩栽种6 000株左右，一般需要用种球200～400千克。播种时种球头向上，盖土厚度为种球高度的3倍，同时种植3%预备苗供查苗补缺。

八、攀倒甑种苗繁育（分株繁殖）

攀倒甑适应性强，采用播种、扦插、分株繁殖均可。生产上，在种源充足的情况下首选分株繁殖，分株繁殖具有成活率高、萌蘖多、生长快的特点，可在较短时间内收获效益。扦插繁殖成活率也较高，生长较快，但基部萌蘖较少，采收上市较分株繁殖慢。在此重点介绍分株繁殖技术。

1. 野生根茎采集

攀倒甑野生种源丰富，浙江各地田间地头、山边沟旁均有生长。在收集采收时，选择无病、生长健壮的植株作为种苗，采回后保留茎上部20厘米，剔除病弱老根，将簇生根状茎掰开，留带根的茎做繁殖苗。

2. 种株繁殖

（1）剪留分枝。将过长的枝条和须根剪掉，每株留2～3条健壮的茎枝。

（2）繁殖时间。一般在3月中下旬，根据生产上要求的密度种植，种植后及时浇透水。

（3）条件控制。攀倒甑繁殖成活率高，大棚与露地均可以达到95%以上。早春因光照较弱，雨水较多，露地的长势略好于大棚，但是随着气温上升，大棚的温湿条件更利于攀倒甑的生长。

3. 生产苗繁殖

（1）苗床准备。一般在春季土壤解冻后进行，在育苗前7天整好育苗床，畦宽连沟1.0～1.3米，畦面要整平，种前要浇透水。

（2）根状茎准备。可以从野外挖取野生资源或从人工种植田块挖取根状茎。挖取时，留下有效根状茎，将无效病叶、病根、过长枝叶等剪除。

（3）行株距要求。一般按行距10厘米、株距5厘米种植。

（4）种植管理。将根状茎培土埋根压实，有条件的盖上薄膜，也可以盖稻草等覆盖物。一般在5～7天后根茎开始生根。萌芽后，加强肥水管理，追施一次薄肥，待长到5～7片叶时即可移栽定植。

九、马兰种苗繁育（分株繁殖）

马兰的繁殖方法有种子繁殖和分株繁殖两种。种子繁殖因采种困难、出苗率极低一般不采用；分株繁殖不但方法简便易行、成本低、成活率高，而且当年采种栽植，当年就可采收，因此在实际生产中常采用分株繁殖的方法。现介绍分株繁殖方法。

1. 根茎采集

可到野外选取生长健壮的马兰植株，从根茎部掰开，每块小种根茎上带马兰主茎三四株，然后移栽。

2. 繁殖时间

分株栽种春、秋季均可进行。

（1）春季种植。一般可以在3—5月进行，也可以在4—5月采收结束后。

（2）秋季种植。秋季于8—9月栽种。

3. 繁殖方法

（1）春季种植。将植株连根挖出，剪去地下部多余的老根，将已有根的侧芽连同一段老根切下，按行株距各25厘米移栽到整好的畦面上，每穴3～4株，稍压实，然后浇足水，一般5～7天成活。

（2）秋季种植。挖取地下宿根，地上部留10～15厘米。剪去老枝、老根、病枝叶，然后栽于畦面，待成活后及时追肥，以促发棵。

十、水芹种苗繁育（压条繁殖）

水芹喜湿耐涝，以肥嫩的茎叶为食用器官，生长繁殖能力极强，生产上一般采用无性繁殖的压条繁殖法。

1. 种苗选择及处理

（1）起苗。取上年或上季旺盛、生长期较一致的水芹为种苗。晴天深挖轻取地下匍匐茎，裁剪成长5～8厘米（保有2～3个芽）的段。

（2）种苗处理。种苗晾晒1～2天，用多菌灵浸泡10分钟，之后用清水洗净待种。

（3）将处理后的水芹匍匐种茎或分株种苗，在苗床地先培育成小苗。

2. 种苗繁殖

（1）水芹的茎是半匍匐状态生长的，在繁种田当水芹的匍匐茎生长到1米左右时，压埋匍匐茎，促其早生根，生根后断匍匐茎促其早发芽。

（2）一般在7月中下旬，将匍匐茎割下，将水芹种茎上腐烂的枝叶、根茎清理出去，选用上下粗细基本一致、节间紧密、腋芽较多而充实、无病虫害的成熟茎秆做种茎。

（3）将选出的种茎剪成20厘米左右长，捆成每把直径8～10厘米的捆，清水清洗后，在通风阴凉处按3～5层交叉堆放于事先浸湿的厚5～10厘米的稻草垫上，之后盖上浸湿的稻草保湿，进行种茎催芽。根据水分蒸发情况适当浇水，以稻草挤不出水滴为宜，在每天8:00—9:00或16:00—17:00，用清水将种堆浇透1次，需每2天翻动1次种茎，当90%以上的种茎有腋芽生出1～3厘米长的短根时，揭去上面覆盖的稻草，于阴凉处通风炼苗2～3天，再定植到田里。

十一、蕺菜种苗繁育（茎段繁殖）

目前，蕺菜在各地栽培多以就近野生驯化为主。应选择管理方便、土壤肥沃、无污染、无病虫害的蕺菜种植地作为种源基地。蕺菜留种田的面积，可按其翌年种植计划移栽大田面积的8：1～10：1进行安排。在蕺菜良种繁育上，现在主要采用无性繁殖的茎段繁殖为主。

1. 种茎选择

选择粗壮的老茎为好，食用品种一般选用白茎种蕺菜较好。蕺菜通常用地下茎繁殖，在地上部茎叶枯黄谢苗后至植株未萌发新苗之前挖取种茎，最好在2—3月挖掘。春季发芽前，用消毒后的刀具将种茎剪成长15厘米的小段，每段有2～3个节，并留须根。

温馨提示

若在夏季高温干旱时栽培，种茎每段一定要带3个节。挖取的根茎，可用生根剂溶液浸泡5～10分钟。

2. 种苗繁育季节

春、秋两季均可进行种苗繁育，且以春季为主，春季又以2—3月或3—4月为宜，夏季和初秋播种应注意遮阴保湿。一般每亩用种茎150千克左右，采用短茎播种时，每亩需种茎70～100千克，采用长茎播种，每亩需200千克左右。

3. 整地施基肥做畦

整地施肥种植前，选择土壤肥沃的沙壤土和湿润保水、排水方便的田块，深翻地，施足基肥，每亩施腐熟厩肥3 000千克或复合肥100千克、碳酸氢二铵50千克，可将肥料条施或分层沟施，然后做畦。

4. 定植

栽种方法可采用挖穴定植。首先在畦面按行株距30厘米×15厘米的标准挖定植穴，穴深15厘米，然后将种茎平放于穴内，覆土压实。也可开沟条播，即在畦面横向挖种植沟，沟宽10～15厘米、深10～20厘米，沟间距20～30厘米，将蕺菜种茎蘸上泥浆后，平铺在沟中，按株距7～10厘米在沟内均匀摆放种茎，每条头尾相连，在第一沟摆好后，用开第二沟的土覆盖第一沟，依此类推。稍加压实，适当浇水，保持土壤7天不缺水，一般20天即可萌芽出土。

5. 田间管理

定植后适时浇水，干旱季节应适时浇灌水，灌溉时最好是沟灌或喷灌，不宜漫灌，要确保畦面无水而床沟有积水，雨季应及时排水，忌田间长时间积水。

中耕除草后及封行前须浅中耕除草3～4次，每次中耕后要追肥灌水，地上生长过盛的植株要及时摘心。

成活后10天左右巧施追肥，应浇20%腐熟人粪尿或氮肥，每15天左右追施一次。生长前期以氮肥为主，生长中后期需肥量极大，在保证氮肥的基础上，适当配合施用磷、钾肥。植株封行后，叶面喷施0.1%～0.2%磷酸二氢钾，每隔7～8天喷1次，共喷2～3次为宜。

十二、锦鸡儿种苗繁育（扦插繁殖）

锦鸡儿一般通过无性繁殖育苗，分株繁殖成活率高，但繁殖系数低。无性繁殖的方式以扦插最为适宜，扦插最适宜的季节是夏季，其次是春季。

1. 苗床准备

选择地势平整、土质为壤土、疏松肥沃、排水方便的地块作为苗床；做畦时，畦连沟宽1.5米左右即可，做成水平畦面，土壤尽量耙碎，便于扦插。

2. 扦插枝条选择

选取半木质化、生长健壮、无病虫害、粗细均匀的1年生锦鸡儿枝条作为插穗母本。

3. 插穗处理

（1）插穗修剪。按45°剪口斜剪，保留2个以上有效萌芽，剪成长10～15厘米的段。

（2）插穗处理。插穗修剪好后，为提高成活率和生根率，将插穗根部浸入1% NAA溶液（10克NAA加少许酒精溶解加水至1升）中，连续浸泡4小时左右。

4. 扦插

（1）扦插季节。最适宜扦插季节为3—4月花前或5—6月花后。

（2）扦插密度。扦插时要保持一定密度，便于管理，一般扦插行距10～15厘米，株距10厘米左右，每平方米可扦插75～100株。

（3）扦插。扦插深度为5～8厘米，直立扦插，每插完1个穗，根据土壤或基质情况用手固定按压一下。

5. 扦插后管理

扦插后及时浇水以利插穗与基质紧密结合，并搭建小拱棚。棚内温度保持在20～30℃，避免超过35℃，温度高时及时开棚降温。

温馨提示

夏季扦插要覆盖塑料薄膜及遮阳网，适时喷水使苗床和棚内保持一定湿度。

6. 苗期管理

扦插后定期开膜通风降温。扦插后愈伤组织开始形成并开始生根后，可以逐步掀去薄膜，进入正常生长。同时为防止病害发生，有条件的每隔7天用多菌灵对扦插苗消毒1次。

十三、野薄荷种苗繁育（根茎、扦插繁殖）

野薄荷生长能力旺盛，地下根茎发达，可用种子、扦插、分株和根茎繁殖。生产上以根茎繁殖和扦插繁殖为主。

1. 根茎繁殖

（1）繁殖时间。一般在春季野薄荷芽高15厘米后，或在秋季野薄荷茎叶枯萎前进行。

（2）种株繁殖。在田间选择生长健壮、无病虫害的植株做母株，挖取粗壮、节间短、色白且无病虫害的根茎，切成6～10厘米长，按行株距45厘米×20厘米进行沟栽或穴栽，栽植后覆土3厘米左右厚，15～20天萌发。

（3）种株管理。在整好的育苗田内定植，进入初冬，收割地上茎叶后，根茎留在育苗地中作为种株。

2. 扦插繁殖

（1）繁殖时间。扦插繁殖时间一般在6月初进行，此时当年新梢已经木质化，成活率较高。

（2）扦插方法。将野薄荷地上茎枝剪成12厘米长的插条，在整好的苗床上，按行株距10厘米 × 10厘米进行扦插育苗，培育种苗，于翌年春季进行移栽。

薄荷扦插极易生根，保持好土壤湿度即能成活。

十四、野艾蒿种苗繁育（分株繁殖）

野艾蒿的繁殖方式有种子繁殖、根茎繁殖和分株繁殖3种。因野艾蒿种子繁殖出芽率低且苗期长，目前在生产上多采用分株繁殖。

1. 繁殖材料选择

选择高大健壮、香气浓烈、叶厚毛密、干叶产量高、生产上表现良好的植株作为繁殖材料。

2. 种株管理

每年3—4月，选取苗株多而健壮的野艾蒿株丛，小心挖出，分成几个单株，将分蘖按行株距45厘米 × 20厘米平放于播种沟内，覆土掩盖后，喷洒1次适合的除草剂对杂草进行封行。若播种后2～3天无降水，应注意浇水保墒。

十五、多花黄精种苗繁育（根茎繁殖）

多花黄精主要食用地下根茎。每年8—9月种子成熟，成熟种子需要沙藏，生长缓慢，发芽率低，故生产上常采用根茎繁殖。

1. 种茎选择

选取长势较好、健壮、无病、高度8～10厘米的植株。挖取地下根茎后，用湿润细土与细沙按1∶1混匀，集中排种于湿润、避风、隐蔽地越冬育苗，破除初生根茎休眠。

2. 种植管理

（1）种植时间。根茎繁殖应采取早春种植，在浙江一带一般为3—4月。

（2）种苗处理。播种前25～30天将留种根茎取出，剔除病、烂种根茎，将健壮种根茎放在阳光充足的室内、温室或大棚内的地上催芽，当芽长1～1.5厘米，基部有根点时切芽播种，保证每块种根茎至少留一个萌芽。

（3）种苗定植。用消毒灭菌刀具将根茎均匀切割成6～8厘米小块，并用草木灰涂抹切口，切口干浆后移栽。播种前一天，用生根粉均匀喷洒待播的根茎块，并翻动拌匀，放置阴干，增强种根抗病性、促进块茎膨大。根茎栽培播深3～5厘米，1块/穴，播种密度3 000穴/亩。栽培后，覆土压紧，浇透水、盖土，并根据土壤墒情3～5天后浇1次水，使土壤保持湿润。

十六、甘露子种苗繁育（块茎繁殖）

因甘露子块茎繁殖量大，操作简单，生产上常用块茎繁殖。

1. 繁殖时间

冬季至翌年春季萌发前进行。

2. 种苗选择

在采收的块茎中，挑选大小适中、白色、粗壮及幼嫩的根茎作为种苗。

3. 移栽定植

将根茎切成10～15厘米长的小段，经灭菌后晾干，然后将芽眼向上，按行距25～35厘米、株距20～25厘米、深8～10厘米，直立栽种。每穴栽2～3段，之后覆盖5～7厘米厚的细土，稍加镇压后浇水。

4. 田间管理

定植后保持地面见干见湿，雨季要及时排水，防止水涝淹苗，干旱时注意适当浇水。

有性繁殖

十七、冬葵种子繁殖

冬葵结果性强，种子发芽率高，故生产上常采用种子繁殖方法。

1. 播种及田间管理

（1）播种方式。可撒播、条播和穴播，生产上多采用条播。

（2）播种时间。春播2月上中旬开春后即可进行，春播宜早不宜迟，过迟播种，后期温度高，光照强，生长速度快，冬葵粗纤维增多，品质变劣。秋播于8月中旬前后为宜，过早播种，高温影响种子发芽，病虫害严重，过迟播种则生长期短，产量偏低。

（3）播种。冬葵播种时，条播的每畦播种4～5行（行距20～25厘米），每亩用种量500～750克；穴播行株距均25厘米左右，每穴播4～5粒种子，每亩用种量约250克；撒播每亩用种量1 000～1 500克。

春播时温度低，播后8～10天出苗；秋播出苗快，5～7天出苗。

（4）间苗。间苗以“留大去小，留壮去弱”为原则，第1次间苗后6～7天进行第2次间苗，苗距16厘米左右，以2～3株为一丛。穴播间苗2～3次，每穴留3～4株。

（5）中耕除草。在封行前根据杂草生长情况进行若干次中耕松土，去除杂草，促进根系发育。

2. 种子收获

留种植株在2月以后要停止收割嫩叶，以利开花结籽。种子于5月下旬收获，每亩种子产量60千克左右。种子使用年限为1～2年。

十八、野茼蒿种子繁殖

野茼蒿以种子方式进行繁育。种子寿命只有1年，陈种子发芽率低。

1.播种及田间管理

（1）播种方式。直播，可撒播、条播和穴播，多采用条播。

（2）播种时间。长江流域于3月上中旬气温稳定后即可进行。

（3）播种。播种时，条播的每畦播种4行（行距20～25厘米），间苗后株距保持在15厘米。

（4）间苗。间苗以“留大去小，留壮去弱”为原则，第1次间苗后6～7天，进行第2次间苗，苗距15厘米左右。

（5）中耕除草。在封行前根据杂草生长情况进行中耕松土，去除杂草，促进根系发育。

2.种子收获

（1）人工铺设地膜采收技术。到9—10月种子成熟时，在种株附近的地面铺设塑料薄膜，要求选择的种株田块全部铺设薄膜，减少风吹等外力影响，便于种子的收集，提高种子收集量。采种时，将种株轻放在铺设的薄膜上敲打，使种子脱落，然后清除收集物中的枝叶、杂质等，置于簸箕中晾干。

（2）人工割除上部结果部分采收技术。在大部分植株瘦果内种子成熟时，割取植株上部结果部分，带回室内摊放于簸箕或编织布上晾干，轻轻敲打或搓擦，脱落种子，去除枝叶、杂质后晾干。

将采收的种子用筛网、布袋装好，储藏于干燥通风处备用。

十九、荠（荠菜）种子繁殖

荠菜一般在湿润地块于年底或初春开始生长，之后从生长点抽生出花茎，形成总状花序。一般4月下旬至5月上旬种子成熟，落地越冬，第2年继续生长；也有种子秋季萌芽形成植株，冬季以根茎越冬，第2年继续生长并开花结籽。

1.播种及田间管理

（1）播种时间。宜选用土壤肥沃、排灌方便的田块。荠菜制种选择最适合生长的气候条件，播种时温度在25℃左右，一般在9月下旬至10月初播种，每亩用种子1千克左右，尽量稀播，适时间苗。

（2）选留种株。因荠菜原属野菜，品种混杂，播种后翌年2月进行1次株选，按照荠菜品种特征的标准，去杂去劣，选留无病的健壮植株，使种株的株行距均保持在15厘米以上，提高品种纯度，确保下一茬商品菜优质高产。

（3）田间管理。及时追施肥1次，促使种株生长健壮，在抽薹现蕾后，应及时增施磷、钾肥，可结合防治虫害加入0.3%磷酸二氢钾喷施，以提高结实率，增加种子饱满度。要根据实际情况做好防蚜虫、防涝、防旱等措施。

2.种子收获

3月下旬即可抽薹现蕾，5月初可采种。及时脱粒晒干储藏，当荠菜种株花已谢、茎微黄、从果荚中搓下的种子已发黄时，适逢九成熟，最适合采收。采收一般在晴天的早晨进行，割下的种株就地晾晒1小时，在收晒过程中，应随时搓下种子，晒时手不要翻动。第1次脱粒的种子质量最好，种子呈橘红色，色泽艳丽，老熟过头的种子呈深褐色，一般可正常使用2～3年。通常每亩种子产量可达25～30千克。

二十、紫苏种子繁殖

1. 苗床准备

紫苏育苗以采用大棚设施育苗为好，苗床畦宽90～120厘米，沟深30厘米，深沟高平畦，畦面土耙碎。

2. 种子处理

生产用种应清选干净，在日光下晒种2～3天，可以保持种子发芽率在90%以上，一般用多菌灵按种子量的0.2%拌种。

3. 播种

一般露地栽培在3月至4月初播种，大棚设施栽培可以分期提早播种。棚室采取高畦种植方式，畦宽1米左右，畦上双行，行距45厘米，株距40厘米。露地栽培每亩播种量为0.5～0.7千克，播种深度1～2厘米，播后稍压实。在第1对真叶期进行第1次分苗，待苗高5～6厘米后继续移栽定植。

4. 间苗和定苗

紫苏籽粒较小，露地直接播种需要间苗和定苗，一般在苗高3～4厘米时间苗，6～7厘米时进行定苗。过晚间苗和定苗，会因苗的密度较大影响个体生长，造成紫苏苗长势弱、不健壮，生长后期分枝及产量减少。

5. 田间管理

及时追施肥1次，促使种株生长健壮，在抽薹现蕾后，应及时增施磷、钾肥，可结合防治虫害加入0.3%磷酸二氢钾喷施，以提高结实率，增加种子饱满度。要根据实际生产情况做好防锈病、防涝、防旱等措施。

6. 适时采种

8月下旬抽薹现蕾，9月初可采种。及时脱粒晒干储藏。

7. 种子储藏与处理

紫苏种子休眠期120天左右，需要经过低温处理或者赤霉素浸泡才能打破休眠。若常温储存，当年收获种子翌年可正常发芽。

二十一、蒲公英种子繁殖

1. 播种时间

蒲公英种子没有休眠期，3—8月均可播种。浙江可在3月中下旬播种。

2. 种子处理

播前进行催芽处理，用50℃左右温水激活处理10分钟，不断搅拌，采用沉降法，去除不饱满种子。于20℃条件下催芽，2天后种子萌动即可播种，可缩短出苗时间，提高出苗率。

3. 播种

一般选择畦面播种或起垄播种（面积大的地块），播种方式有条播和撒播。条播，即在畦面上按沟距25厘米划开深度1.5厘米的浅沟待播，播种量8 ～ 10千克/公顷；撒播，一般在平畦上进行播种即可，种子用量较条播大，一般为10 ～ 15千克/公顷。

4. 田间管理

在抽薹现蕾后，应及时增施磷、钾肥，可结合防治虫害加入0.2%磷酸二氢钾喷施，以提高结实率，增加种子饱满度。

5. 种子收获及储藏

初夏为野生蒲公英开花结籽期，每株开花数随生长年限而增多，有的单株开花数达10个以上，开花后13 ～ 15天种子即成熟。

温馨提示

花盘外壳由绿色变为黄绿色，种子由乳白色变褐色时即可采收，切记不要等花盘开裂时再采收，否则种子易飞散失落，损失较大。

一般每个头状花序种子数都在100粒以上。大叶型蒲公英种子千粒重为2克左右，小叶型蒲公英种子千粒重为0.8 ～ 1.2克。采种时可将蒲公英的花盘摘下，放在室内存放一天，待花盘全部散开后，再阴干1 ～ 2天至种子半干时，用手搓掉种子尖端的茸毛，然后晒干种子。

Chapter 3

第三章 驯化栽培技术

一、野艾蒿驯化栽培技术

野艾蒿广泛分布于低海拔至中海拔地区，以在向阳且排水较好、湿润肥沃的地方生长为好。野艾蒿不仅能食用还具有药用功效，同时还可以作为饲料及工业原材料，因此具有广泛的用途和开发利用前景。

1. 整地施基肥

种植地以日照充足、通风透气、排水顺畅、疏松肥沃的壤土地为好。整地前要施足底肥，一般亩施腐熟有机肥4 000千克、氮磷钾复合肥40千克，深翻25～30厘米，整平耙细，然后做畦。畦宽1.5米，畦面中间高两边低，形似龟背，以免积水，引发病害。

2. 繁殖材料选择和播种

生产上应选择生长势强、叶片肥厚宽大、茎秆粗壮直立、叶色浓绿、气味浓郁、密被茸毛、幼苗根系发达的植株作为繁殖材料。

野艾蒿可春季种植，也可秋季种植，采取分株繁殖的方式生产。春季种植一般在3—4月，种植后即可缓苗生长。秋季种植时间以冬前长出新根又不旺长为原则，一般在9月下旬至10月上旬；种植太早天气炎热及日照强烈不容易成活，种植太晚气温降低不能生发新根也影响成活率。选取高5～10厘米的种苗，起苗前先在苗圃浇水，湿润苗圃以方便起苗。选择在阴天或下雨前种植为好，这个时候种植，管理简单成活率高。按行株距40厘米×30厘米栽苗，每穴两株，栽后覆土压实，浇水保墒。

3. 田间管理

（1）中耕除草。定植后，每10～15天中耕除草一次，直至封垄。

（2）肥水管理。栽植成活后，苗高30厘米时亩施尿素6～8千克作为提苗肥。每采收一茬后都要进行追肥，一般亩施氮磷钾复合肥15～20千克或沼液沼渣500千克。11月上旬，最后一茬收割后可亩施农家肥1 000千克作为基肥。每次追肥后及时浇水。干旱时，也要及时浇水灌溉，保持田间湿润。

4. 病害防治

（1）锈病。5—8月阴雨连绵时易发病。初期在叶背出现橙黄色粉状物，后期发病部位长出黑色粉末状物，严重时叶片枯萎脱落，全株枯死。

防治方法 加强田间管理，降低田间湿度，改善通风透光条件；发病初期可用烯唑醇兑水喷施，也可用嘧菌酯兑水喷施。注意在收割前20天要停止用药，确保质量安全。

（2）斑枯病。5—10月易发病。初期叶片上出现散生的灰褐色小斑点，后逐渐扩大，呈圆形或卵圆形暗褐色病斑，上有黑色小点，斑点会合后造成溃烂，致使茎秆破裂，植株死亡。

防治方法 发现病株及时拔除烧毁，病穴用生石灰消毒；发病初期可用咪鲜胺或苯醚甲环唑兑水喷施，间隔7天一次，连续2～3次。收获前20天停止喷药。

5. 采收

野艾蒿在生长期内的采收，以植株全草采收为主，不能伤动根茎，不然很容易枯萎。收割也只是收割茎叶，留下根茎，留作种株翌年再用。每年3月初在地下越冬的根茎开始萌发，4月下旬或5月上旬采收第一茬，每年收获4～5茬，至11月上旬最后一茬收割结束。一般一亩地平均每茬可采收750～1 000千克，合计全年亩产3 750～5 000千克。

二、胡枝子驯化栽培技术

胡枝子耐受性强，而且抗病虫性很强，即使在干旱贫瘠的酸性土壤上也能收获较高的产量，驯化栽培相对简单，非常适合在浙西南山区推广栽培。浙江丽水、文成等地以食用花蕾为主。

1. 整地施基肥

基地一般选择中性的沙质壤土为好，整地要深翻，一般不浅于30厘米。平整的地块可以采用机械翻耕，翻耕时每亩施入腐熟有机肥500～800千克、氮磷钾复合肥15千克，翻后做畦，待定植。如果是山坡或不平整山地，直接挖坑种植，同时施入一定量的有机肥和氮磷钾复合肥。

2. 育苗方式

（1）插条育苗。一般在每年春季3月，选1～2年生嫩枝条，将其修剪成15～30厘米长后，斜插于土中，成活后再定植移栽。

（2）分株育苗。3月底至4月上旬，将母株萌发出的幼苗挖出来，直接移栽定植到栽培地块即可。

（3）播种育苗。一般在大面积栽培时选用。播种前要进行种子处理，先用温汤浸种2～3小时后捞出，在保持温度26～30℃和高湿的条件下催芽，当种子1/3露白时即可播种，一般采用穴播或条播。

3. 田间管理

（1）定苗定植。一般在苗高6～10厘米时进行间苗、定苗、补苗，条播株距20～30厘米，穴播每穴留1～2株。移栽定植一般在每年3月进行。

（2）水肥管理。定植后立即浇透定根水，一般为穴浇。为加速幼苗的生长，在定苗后每亩追施尿素5～10千克、过磷酸钙5千克。条播的每株沟施复合肥1～2千克，在苗期土壤要保持湿润，幼苗时不耐涝，要注意排水。

（3）中耕培土。播种后第1年，要加强苗期管理，及时松土、除草，过密的要有计划地进行疏苗。特别是直播的，由于出土后幼芽细小，当年应进行中耕除草，培土2～3次，一般于3月下旬、5月中旬、7月下旬进行。苗出齐后即可进行第1次除草，以浅除为好，切勿过深。

4. 病虫害防治

胡枝子自人工栽培以来病害发生较轻，主要虫害有食心虫和蚜虫，可用苦·烟，或吡虫啉，或啶虫脒防治。

5. 采收花朵

9月初开始采收花朵，采收结束后，为了提高翌年的产量及品质，冬季在离地10厘米处全部剪除上部枝条，并进行无害化处理，以利翌年生长。

三、野百合驯化栽培技术

百合是百合科百合属所有种、亚种、变种、变型和品种的统称。野百合为百合科多年生草本球根植物，浙西南山区拥有丰富的野百合种质资源。目前在浙西南山区发现可被鲜食菜用的野生百合有2个种，分别为野百合、卷丹百合，其中野百合有两个变种，分别为百合、巨球百合。野百合适应性很强，在浙西南山区不同海拔地区均能生长，对气候、土壤要求不严格，但以凉爽干燥、光线充足的环境和高燥向阳、排水良好的沙壤土地块为宜。鳞茎耐寒性强，发芽适温为土温14～16℃，月平均气温10～18℃时生长良好，地上茎在日平均气温16～24℃时生长速度最快。野百合的根吸收能力弱，需要较高的土壤湿度，但又不能积水。野百合前作豆科、禾本科作物较好，忌连作。

1. 整地施基肥

基地宜选在海拔200～1 200米的山地，土层厚度30厘米以上、pH 6.0～7.0、疏松肥沃、排水良好的土壤为佳，于栽种前深翻土壤25厘米以上，结合整地，每亩施腐熟有机肥1 200～1 500千克、氮磷钾复合肥（15-15-15）50千克一起翻入土中，亩撒施生石灰60～100千克。然后做畦，因浙西南山区多雨，宜做成高20～30厘米、宽80～100厘米的畦。

2. 种球繁育

（1）鳞片繁育。野百合成熟后，先将鳞片在基部逐个剥下，将鳞片凹面向上，9—10月在苗床开沟条播；翌年3月下旬，鳞片凹面基部形成小鳞茎；4月下旬小鳞茎叶片开始伸出土面；9月叶片枯黄。第3年春出苗，经一年的培育，成为大田栽培的种球。

（2）珠芽繁育。6月下旬珠芽成熟后采收，与湿润细沙混合储藏于阴凉通风处，9—10月在苗床开沟条播，播后覆盖细土，经一年培育，在翌年9月收获可用于大田栽培的种球。

（3）种球选择。生产上一般采用小鳞茎繁育，根据种球单头重量可将野百合分为10～20克、20～30克、30～40克三种规格，选3～4个头的野百合鳞茎做种球，种球要求平头、无斑点、无损伤、鳞片紧密抱合而不分裂。每亩用种量为250～300千克。

3. 播种

（1）播种时期。浙西南海拔在600米以上的区域，一般宜于10月中旬至11月上旬播种；海拔600米以下的区域，宜于10月上旬至11月上旬播种，其中，卷丹百合因夏季不耐高温而不能安全越夏，因此不能低于海拔250米播种。

（2）种球消毒。播种前，采用多菌灵等杀菌剂对种球进行消毒，然后放于阴凉处晾干。

（3）播种密度。不同规格的种球播种密度有所差异，具体如下：种球单头重10～20克，定植行株距各8～10厘米，播种深度5～8厘米；种球单头重20～30克，定植行株距各15～25厘米，播种深度8～12厘米；种球单头重30～40克，定植行株距各25～35厘米，播种深度12～18厘米。

（4）播种方法。按行距开沟，按株距将鳞茎顶朝上摆放，盖土覆平。覆土不宜过浅，否则鳞茎容易分瓣，覆土后稍加压紧，再用碎木屑覆盖，可防杂草，有利于鳞茎发育。

4. 田间管理

（1）中耕除草。栽后翌年春季2月齐苗后，开始进行第1次中耕除草，注意不要伤到鳞茎。

（2）肥水管理。结合中耕除草施肥1次，每亩施腐熟有机肥400～500千克或氮磷钾复合肥15～20千克，于行间开沟施入，施后盖土。第2次施肥在4月，结合中耕除草施一次壮茎肥，每亩施氮磷钾复合肥（15-15-15）30～40千克，拌匀于行间开沟施入。第3次施肥结合中耕除草追施1次打顶肥，植株打顶后，每亩施氮磷钾复合肥30千克，生长茂盛的应少施氮肥。6月上中旬收获珠芽后，也可每亩追施10千克速效复合肥。生长后期视长势每亩用磷酸二氢钾0.1千克兑成浓度为0.2%的溶液，根外追施。

温馨提示

每次施肥应避免肥液与种茎直接接触，以免引起鳞茎腐烂。野百合怕涝，夏季高温多雨季节以及大雨后要及时挖沟排水，以免发生病害。遇高温或干燥天气，应及时浇水。

（3）适时摘顶。栽种野百合，以收获地下鳞茎为目的。为了促使鳞茎膨大，防止开花及茎叶生长过旺，减少养分消耗，5月中下旬现蕾前，视植株长势选择晴天中午及时打顶摘蕾，长势旺的重打，长势弱的迟打，并只摘除花蕾，且需多次进行，除净花蕾。

温馨提示

打顶后切忌盲目追肥，以免茎叶徒长，影响鳞茎发育肥大。

5. 病虫害防治

贯彻“预防为主，综合防治”的植保方针，坚持以农业防治、物理防治、生物防治为主，化学防治为辅的原则。

（1）农业防治。选用抗（耐）病强的种球，加强栽培管理，合理布局茬口，提倡水旱轮作。生产过程中及时清除病枝、病叶、病株、废弃秸秆，并带出田外集中处理。

（2）物理防治。田间悬挂防虫板防治蚜虫、白粉虱，一般每亩悬挂20～30片。

（3）生物防治。保护和利用瓢虫、草蛉、食蚜蝇等捕食性天敌和赤眼蜂、丽蚜小蜂等寄生性天敌。提倡利用生物农药防治病虫害。

（4）化学防治。目前主要病虫害有灰霉病、根腐病、小地老虎、蚜虫等。灰霉病，在发病初期，可用嘧环·咯菌腈或嘧菌环胺兑水均匀喷雾。根腐病，播种前用哈茨木霉对种球进行消毒；发病初期用哈茨木霉进行灌根。小地老虎等地下害虫成虫羽化高发期，在田间用糖醋诱捕器或杀虫灯诱杀成虫，降低田间害虫落卵量和虫口基数。

6. 采收

8月中上旬当植株地上部枯萎时，选晴天分批采收，采收时要除去泥土、茎秆和须根。鳞茎收获后不能受日晒，否则影响品质。采收后可按种球大小进行分选，大鳞茎可作为鲜食菜用产品；单头重量在10～40克的小鳞茎，若生长健壮、表面无损伤，则可以留作种球；单头重40克的鲜野百合可以直接上市，也可以储藏至春节上市或冬春季留种用。

7. 储藏

（1）鲜储。鳞茎采挖后除去泥沙和须根，立即运回室内，稍晾干，每20厘米厚盖一层约4厘米厚的细沙，储藏第1层野百合时根朝下，细沙相对湿度保持在65%左右。储藏期间，应定期检查，防霉变、虫蛀。如果条件允许可放入低温库中储藏。如发现坏死腐烂的野百合，应及时清除掉。

（2）干储。将要储藏的百合清洗干净后，剥下鳞片，放入沸水中烫5分钟，然后捞出放到清水中漂洗，再立即晒干或烘干。烘干选用常规烘干设备，定量、定时、控温80℃左右进行烘烤，禁用开水烫片和硫黄熏蒸。烘干后，将干片放于室内2～3天后进行回软，使干片内外含水量均匀。

四、翅果菊驯化栽培技术

此处所述的翅果菊包括多裂翅果菊、翅果菊、台湾翅果菊等种类，各种翅果菊在形态性状上难以区分，各种之间的性状也没有明显的界限。翅果菊为食饲兼用型叶用类野菜，是浙西南山区最常见的野菜之一，生长习性非常粗犷，为喜温耐寒植物，适应性广，抗逆性强，抗寒耐热，非常适合推广种植。幼苗能耐2～3℃的低温，成株可耐−5～−4℃的霜冻，也能忍受持续36℃以上的高温。喜水但不耐涝。对土壤环境要求不严，在生长中以排水良好的中性或微酸性黏壤土为最好。种子发芽最低温度为5℃，最适温度为15～18℃，萌芽时间为10～12天，发芽率可达80%以上。幼苗期最适温度为12～25℃，茎叶生长适温为18℃左右，开花结实期要求有较高的温度，在22～29℃开花结实正常。

1. 整地施基肥

在播种定植前，要进行翻耕整地，翻深20厘米以上。翻地前施足底肥，每亩施入腐熟的农家肥1 500～2 000千克或商品有机肥500～1 000千克、过磷酸钙30～50千克。然后做成南北向畦，一般畦宽1.2～1.5米（含畦沟），沟宽20～30厘米，畦高20厘米以上。

2. 播种育苗

（1）播种。翅果菊的种子小而轻，春季播种适期为2月底至3月上旬，秋播期为11月中下旬。播种前2～3天，先浇透底水，畦面上可以覆盖一层地膜提温保湿。播种时，用钙镁磷肥或草木灰或细沙拌匀种子，播种方式根据实际条件可以采用条播或撒播，播好后覆土0.5～1.0厘米厚，压实畦面，根据畦面情况浇水。在畦面上覆盖塑料薄膜并在膜上加盖稻草等覆盖物，以防日晒高温或低温影响发芽，种子出苗前不浇水，从播种至出苗需15～20天。一般每亩用种量为1.3～2.0千克。

（2）苗期管理。翅果菊种子出苗与其他野菜有所差异。出苗时，两片子叶同时破土而出，一般在7～10天后露出小苗的第1片真叶，在2～3片真叶时，根据田间生长情况，进行间苗疏苗，苗行株距各5～10厘米，不宜过密。苗期温度以10～25℃为佳，可以通过控制灌水，适当降低土壤湿度，防止苗徒长。同时，也要根据田间杂草情况，注意及时清除。

3. 田间管理

（1）定植管理。定植前，可以通过覆盖地膜减轻杂草丛生，降低人工除草频次。一般待苗龄35～40天，5～7片真叶时安排定植。定植保持株距25～30厘米，行距35～40厘米。每畦种4行，每穴1株。定植后，浇透定根水，促进缓苗。

（2）中耕除草。翅果菊生长所需的营养主要依靠地下根茎供应，生长过程中应及时中耕松土，根据田间生长情况进行多次中耕除草，要坚持经常除草，保持良好的生长环境。如果田块覆盖了地膜，可以不用中耕除草，但要及时拔除地膜口附近的根部杂草。

（3）水肥管理。要适时浇水，保持土壤湿润，特别是表层土壤不能干燥。若遇暴雨、大雨后，要及时排水，防止涝害。翅果菊以鲜食嫩叶为主，应根据实际生长情况适当加施氮肥，可以在2～3叶期时，用0.5%尿素溶液，追施第1次叶面肥。在整个生长期内，应适时追肥2～3次，多施速效氮肥，每亩施硫酸铵或硝酸铵10～15千克，可以结合浇水冲施。

（4）光温管理。翅果菊生长的最适温度为白天25～30℃，夜间20～23℃。早春、晚秋种植时，要用地膜或稻草等作物秸秆覆盖，可以增温保暖。在夏季高温季节栽培种植时，要覆盖遮阳网降温。

温馨提示

若以采嫩茎叶为主要收获方式，则需要进行摘心抹芽。摘心是翅果菊采薹栽培特殊技术措施。一般在剥取2次基部嫩叶、苗高10～15厘米时，摘去顶芽，以促进薹梢的生长，使采薹栽培目标得以实现。

4. 病虫害防治

翅果菊因其适生性强，在栽培实践中一般很少遭受病虫严重危害。常有发生并造成一定危害的病虫害主要有蚜虫和由其传播的病毒病，偶尔发生茎枯病和叶斑病，在生产上只要注意合理轮作，加强栽培管理，为翅果菊创造适宜生长环境条件，落实蚜虫综合治理措施，便可较好地控制病虫害。

5. 采收

翅果菊萌芽力极强，既可采收嫩苗，又可采摘嫩梢。当苗高8～10厘米、7～8片真叶时开始采收。掰叶采收有利于翅果菊延长生长期，每隔6～7天，用手掰取外叶数片，保留足够的内叶和心叶。

整株采收时，用小刀沿地表1～3厘米处平行收割，保留母根，割取嫩茎叶。母根可连续发出茎叶，视气温、光照条件，一般25～30天采收1次，一季可割5～6茬，采收后1周内不宜浇水。

五、莼菜驯化栽培技术

莼菜嫩茎和幼叶外表附透明胶质，富含多种氨基酸、多糖和维生素，口感滑而不腻，清香可口，甘甜鲜美，别具风味，有减肥、消肿、壮肾益智、清热利尿、解毒、防癌之功效，是营养价值极高的绿色蔬菜珍品，因富含锌元素，被誉为“生命蔬菜”。

1. 培育壮苗

育苗有无性繁殖和有性繁殖两种方法，一般采用无性繁殖育苗。选择土壤淤泥较厚、腐殖质含量丰富，但淤泥不过深的田块做苗床，整理好苗床，苗床配好底肥，搭好塑料棚架，选用越冬休眠芽发育而成的营养株斜插在苗床上，盖塑料膜。待营养株生长到一定长度后再定植。

2. 整地施基肥

莼菜喜温暖水湿环境，生长发育过程中需清纯的水质、肥沃的土壤等环境条件，因此要选具备充足干净水源的田块。田块土壤以含有机质2% ～ 3%、pH 4 ～ 6为宜。施足底肥，一般每亩用腐熟农家肥1 000 ～ 1 500千克、腐熟饼肥40 ～ 50千克、氮磷钾复合肥20 ～ 25千克做底肥。

3. 适时移栽

莼菜一年四季均可栽植，一般在3月下旬至4月中旬最佳。萌发前移栽成活率最高，又可当年收获。起苗后，将种苗剪成含2 ～ 3节的段，采用穴栽，每穴一株，穴距30 ～ 40厘米，将植株斜插入水中。

4. 田间管理

（1）肥水管理。莼菜移栽当年，基肥充足条件下一般不需追肥，当发现叶小发黄、芽细、胶质少时应及时追肥。追肥时一般亩施尿素5 ～ 10千克，之后每年冬春萌芽前亩施有机肥1 200 ～ 1 500千克或腐熟饼肥50 ～ 60千克，并加过磷酸钙40 ～ 50千克。

（2）水位水质管理。

①水位管理。定植初期水位10 ～ 30厘米深，由浅逐步加深。立夏后，水位逐渐加深到60 ～ 80厘米，但以不超过1米为宜。

②水质管理。能见度宜在40厘米深以上，一旦混浊应立即换水保持清洁，以微流动的活水为佳。如为静水池塘，应经常换水，以增加水中氧气。

5. 病虫害防治

莼菜的主要虫害为菱甲虫等，发生初期用杀虫双或敌百虫兑水喷雾。莼菜的主要病害是叶腐病，主要以预防为主，保持水质清洁、流动或经常换水，不使用未经腐熟的有机肥，移栽前用生石灰清田，生长期及时清除水绵和杂草。在发病初期及时剪除发病植株的病叶、病枝，并集中深埋或销毁，防止其漫延。

6. 采收

春季移栽后，到7月中下旬莼菜叶基本盖满水面时即可采收。以后每年的5—10月分次采收。第1年种植的应少采多留，以养为主。采摘莼菜标准：在卷叶长好尚未散开时，连同叶和嫩梢一起采摘。采得过嫩，产量低；采得老，叶松散，纤维和单宁成分增加，苦味重，品质低。一般每隔5～10天采收一次。

六、大青驯化栽培技术

大青在浙西南地区主要生长在海拔200～800米的丘陵、林下和路旁，以嫩茎叶为食用部位，在浙江丽水青田以鲜食嫩茎叶为多。大青的根、叶可入药，味微苦，性寒，有清热、凉血、解毒、利尿之功效。花有柑橘香味；果实成熟时蓝紫红，为红色宿萼所托，也是一种适合在浙西南山区发展的绿化观赏植物。

1. 整地施基肥

人工栽培一般选择平整的地块，定植前，深耕并晒土7天以上，结合深耕施足底肥，可于畦中沟施或打穴深施。平整后做畦，宽90～100厘米，高25厘米。如果种植在山地山坡，一般在打穴挖坑后再施底肥。

2. 定植

早春移栽定植小苗，可以在1—3月进行。定植行距65～70厘米，株距50～60厘米。

3. 田间管理

（1）肥水管理。定植后要保持较高的空气和土壤湿度。定植成活后，结合浇水，追1～2次提苗肥，每次每亩施人粪尿1 500～2 000千克或磷酸氢二铵10～15千克，或者直接每亩施氮磷钾复合肥15～20千克。在采收期也要追施2～3次肥，一般追施氮磷钾复合肥20～25千克。

（2）植株调整。大青生长速度较快，主枝生长能力强，为控制主枝促生侧枝，在主枝高达20厘米左右时可摘心，使养分集中促进根系发育。生长中期也要剪去生长过旺的植株侧枝顶端，促进多生侧枝枝叶，还须剪去基部侧枝和脚叶，加强通风透光。

4. 病虫害防治

大青抗病性较强，很少出现病害。目前生产上的主要害虫有蚜虫和蚂蚁等，可交替使用甲氰菊酯、高效氯氟氰菊酯喷雾防治，连续防治2～3次，在采收前10天禁止用药。

5. 鲜叶采收

一般在4—5月初开始采收鲜叶，采收嫩茎叶时去除老叶病叶，不能过度采收，否则影响下次采收产量。可采收至9月底。

七、冬葵驯化栽培技术

冬葵喜湿润冷凉气候，喜充足光照，不耐强光，耐寒力较强，低温时可促进其品质提高，一般轻霜不会冻死。种子在8℃以上开始发芽，最适发芽温度20～25℃，30℃以上高温时易发生病害而停止生长，低于15℃时生长缓慢。在浙西南山区夏季不宜露地栽培。生长期内如遇高温，叶片茸毛增多增粗，茎叶组织硬化，使茎叶食用品质变差。

1. 栽培季节

在浙西南山区，除夏季高温期及冬季低温寒冷期外常年可种植。冬葵以露地栽培为主。

500米以下低海拔区域9月下旬至11月上旬均可露地秋播，最适播期为9月下旬。秋季利用遮阳网可提前至9月上旬播种，延长供应。春播露地栽培一般在2下旬至3月播种，4月初开始采收；大棚设施栽培播种可适当提早到1月下旬至2月上中旬，3月开始采摘，直到6月抽薹开花前。

海拔500米以上区域一般3—4月播种，4下旬至5月上旬开始采收，可以采收到5月下旬至6月下旬。秋季8月下旬播种，9月中旬采收，可以采收到11月。

2. 整地施基肥

冬葵对土壤环境要求相对不严，但在同样条件下，保水保肥力强的土壤种植更易丰产，不耐连作。在地块选择时以土层肥沃疏松、有机质丰富、排灌便利为佳。前茬清园后，结合整地施足基肥，一般每亩施腐熟有机肥1 000千克、氮磷钾复合肥20～30千克，选用耕作机耕地，待土肥混匀后做畦，做成连沟宽1.2～1.5米的深沟高畦（沟宽20～30厘米）。

3. 播种育苗

冬葵可大田直播，也可育苗移栽。大田直播可条播、穴播或撒播。

（1）条播。一般生产上多采用条播为主，条播时，每畦播种4～5行，行距30～40厘米，株距25～30厘米，每亩用种量500～750克。间苗以“留大去小，留壮去弱”为原则，第1次间苗后6～7天进行第2次间苗，苗距15～20厘米，以2～3株为一丛。

（2）穴播。采用穴播时，一般行株距各25厘米左右，每穴播4～5粒种子，每亩用种量约250克。穴播间苗2～3次，每穴留3～4株。同时进行中耕松土，促进根系发育。

（3）撒播。每亩用种量1 000～1 500克。春播时温度较低，播后10～15天出苗；秋播出苗快，5～7天即可出苗。撒播注意在幼苗具4～5片真叶时，结合中耕除草间苗1次。

（4）大棚育苗移栽。冬春季大棚栽培时，最好采用育苗移栽方式进行，每亩用种量为150克。可选用72孔或128孔穴盘，选用商品性专用育苗基质，大棚穴盘育苗5～8天出苗。当幼苗长至2叶1心时，结合浇水喷施1～2次叶面肥，当幼苗长高至5～10厘米，苗龄20～30天时，就可以起苗定植，行株距各20厘米，每穴定植1～2株。

4. 肥水管理

冬葵在生长期间需肥量较大，但耐肥力强，生产中在施足基肥后，以追施速效氮肥为主。播种后，根据土壤水分状况，通过人工喷壶或微喷设施喷水，保持苗床土壤湿润；第1次间苗后可结合浇水追施1次速效氮肥提苗。以后根据生长势强弱浇水追肥，苗小时少追轻追，苗大时多追重追，叶片生长旺期多追肥，每次采收后还要随水追肥，每亩每次施用尿素5～7千克。春季10天左右浇水1次，秋季7天左右浇水1次，使土壤保持润湿，以促进植株生长。

5. 病虫害防治

目前冬葵病虫害发生较少，一般病害主要是霜霉病等，有少量发生，虫害则有小地老虎、蚜虫等。霜霉病防治一般采取预防为主、防治结合的方法，每次阴雨天后或采收后可喷施1次高效低毒的杀菌剂，施药后严格遵守安全生产标准，在安全间隔期内禁止采收叶片。小地老虎常采用毒饵诱杀防治。蚜虫可用七星瓢虫、十三星瓢虫、大草蛉等捕食性天敌，或蚜茧蜂等寄生性天敌扑杀。同时，也根据蚜虫对黄色的正趋性和对银灰色的负趋性，在生长前期利用黄板诱蚜或用银灰色膜避蚜。

6. 采收

当冬葵株高20～25厘米时，可进行第1次茎叶采收，如季节适宜，出苗后25～30天即可采收。春季生长旺盛期,7～10天采收1次，采收时茎基部留1～2节，以免侧枝过多影响产量和品质；秋季气温较低，采收期长，15～20天采收一次，茎基部留4～5节，以提高抗寒力，若所留茎桩过短，过冬时易受冻害，伤及基部的芽，致使产量下降。冬葵春、秋季分别可采收4～5次和3～4次，其产量由采收次数及每次采收的嫩梢质量决定。一般秋播亩产量达2 000千克，春播亩产量1 000～1 500千克，可持续采收到翌年抽薹开花前。

采种的冬葵，管理上不摘心，不采收嫩叶，6月种子成熟。由于种子成熟程度不同，可分批采收，将采下的种株捆扎置于阴凉通风处，在其下铺报纸等接住散落种子，待风干后，轻轻抖落种子，清除枯枝残叶或其他杂物，装袋储藏。每亩可采收种子50千克左右。

八、豆腐柴驯化栽培技术

豆腐柴主要生长于山谷、丘陵、山坡灌木丛中、疏林下、沟谷边。环境适应能力较强，对生长环境要求不高，适于微酸性至酸性土壤，浙西南山区海拔100～1 400米的地区均可种植。豆腐柴叶有特殊的芳香气味，其叶和嫩枝含有大量的果胶、蛋白质和纤维素，还含有丰富的矿物元素，浙江山区一带民间把它加工成可鲜食的“绿豆腐”。选择新鲜、浓绿的豆腐柴叶，清洗，添加一定的水后反复揉搓，汁液经纱布过滤，最后加入草木灰或钙片等凝固剂静置凝固成型。在浙西南山区各地有零星种植，但进行人工栽培，就对产量和品质提出了较高的要求。

1. 整地施基肥

豆腐柴较耐贫瘠但不耐旱，一般选择水源充足、排灌良好、交通方便、肥力较好的田块为宜，整地时将土深翻、耙碎，四周开好排水沟，做到沟沟相通，易灌易排。种植前先每亩施有机肥或腐熟鸡粪1 000～2 000千克、氮磷钾复合肥（15-15-15）20千克、生石灰30千克，撒施或条施作为基肥，然后进行翻耕做畦，畦高25厘米以上，将田块做成连沟宽1.8米（沟深30～40厘米）的畦。

2. 移栽

（1）植株修剪。收集的野生种苗在移栽前要进行修剪方能种植，修剪时首先将主侧枝一并剪去，一般保留2～3个芽，留种苗株高一般在30厘米左右。豆腐柴主根系发达，根系过多影响成活和定植，定植前要适当剪去部分超长主根，留主根20～30厘米，须根过长也适当减去，以便更好移栽。

（2）移栽定植。修剪后及时进行移栽。因豆腐柴生长速度快、当年即可采收、分枝能力强、冠幅较大，定植时按行株距（80～90）厘米×（35～40）厘米开穴，栽种穴深30厘米，每亩种植350～400株。移栽定植时，要保持根系舒展，覆土至栽种穴的一半时，稍作提苗覆土压实，再覆土至与畦面持平压实，移栽定植后及时浇1次定根水。为防治杂草和减少人工成本，移栽定植后，有条件的可以选择覆盖黑地膜、黑白膜、园艺地布、5厘米左右厚作物秸秆等其中一种措施。

3. 田间管理

（1）肥料管理。人工栽培豆腐柴，目的在于多收获茎叶产品，为获得更多生长量，定植时重施基肥，平时结合采收追肥，新梢萌发后一般每40天左右追肥1次，每次每亩施氮磷钾复合肥（15-15-15）10千克。

（2）水分管理。豆腐柴耐高温但不耐旱涝。移栽定植初期豆腐柴植株矮小，苗期需水量较少，可适时定量浇水，同时做好排水防涝工作，如尚未覆盖地膜或园艺地布的在幼苗行间用杂草或作物秸秆进行覆盖，降低水分消耗，以利根系快速生长。在豆腐柴抽生枝条叶茂时期，应根据天气情况灌排水，一般控制土壤湿度70%左右为宜。3—4月，每7～10天浇1次水。5—6月正值梅雨季节，特别是栽种在山垄田或平地的应注意排水防涝。7—9月，若久旱无雨或旱情严重时，及时做好定期灌水，通过安装滴管、从附近山塘水库引水等，满足豆腐柴生长所需的水分。

4. 修剪

（1）采收式修剪。在上年12月至3月落叶后，及时剪去病枝、弱枝。4月开始可以陆续采收，海拔600米以上5月采收，这是以采收茎叶加工为目的的修剪，其以采代剪是主要的修剪方式，采收30厘米以上新梢。在其他采收季节，以采收叶片枝条为主的修剪要与枝叶采收结合进行，将定植前离地面20～30厘米修剪后的生长健壮的一级侧枝培养成若干个主干，将生长过弱的细枝修剪；在二级分枝生长至40厘米以上时，留足2个芽后其余修剪，依此类推，每个健壮的分枝均留足2个芽后剪除其余过长的枝条。

温馨提示

在修剪的同时，要将病枝、弱枝、细枝等一并修剪，修剪时也要结合树形和冠幅进行，如冠幅过大则修剪程度更大。

（2）留种苗式修剪。以留种苗为目的的修剪，修剪时间与采收式修剪应分开。首先要在田块中对优良株系进行选择，筛选具有生长健壮、叶片厚大、芳香味浓、健康无病、分枝多等性状的作为种株，对其进行标记。修剪时，主要针对病枝、弱枝、细枝进行修剪，保留生长健壮枝条，且当年内不修剪，在12月至翌年1月落叶后进行修剪，将修剪后的枝条作为扦插种苗繁殖，筛选出茎粗在0.5厘米以上的作为扦插种苗。

5. 病虫害防治

豆腐柴主要病害有褐斑病、炭疽病、白粉病和烟煤病等，主要虫害有螨类、蚧类、蚜虫和蝶蛾类等。由于豆腐柴的抗生性、植物化感作用较强及经常采收茎叶的缘故，病虫危害损失不是很大。

（1）防治原则。由于豆腐柴叶主要用于食品深加工，因此病虫害防治禁用对人体有危害和高残留的化学药剂，主要用危害小、低残留化学药剂和生物、物理防治方法，以免造成叶后期加工的药物残留。豆腐柴的病虫害防治应采取农业措施为主、药剂防治为辅的综合防治方法。

（2）农业防治。因地制宜、科学施肥、合理负载，增强树势；科学整形、合理修剪，使树冠保持良好通风透光条件；冬季清园时，剪除病虫枝、清除枯枝落叶；及时清理排水沟，防止田间积水，降低田间湿度。通过以上综合农业防治措施，提高豆腐柴抗病虫能力，抑制或减少病虫害的发生。

（3）物理防治。根据害虫生物学特性，采用悬挂黑光灯、频振式杀虫灯、黄板及树干缠草把、覆盖防虫网等多种方法诱杀害虫；人工捕捉天牛、蚱蝉、金龟子等害虫；集中种植害虫中间寄主植物，诱杀害虫，在吸果夜蛾发生严重的地区人工种植中间寄主，引诱成虫产卵，再用药剂杀灭幼虫。

（4）生物防治。人工引移或者繁殖释放天敌。

6. 采收

（1）采收标准。当豆腐柴叶片生长至鲜绿、透亮、气味浓郁时便达到叶片采收标准。一般第1茬叶片采收时间为4月下旬至5月初，第2茬叶片采收时间为6月下旬，第3茬叶片采收时间为8月中旬。

（2）采收方法。豆腐柴叶采收由植株顶部向基部、从枝条的远端向近端逐片进行采收，采收时注意保护枝条和芽，以免影响后续叶片生长，同时剔除病变叶片。采收完成后应及时进行加工处理，避免叶片质量受损。

九、多花黄精驯化栽培技术

多花黄精常生于海拔200～1 500米的山地灌木丛及树林，以海拔300～1 000米生长者最佳。在浙西南地区以蔬菜食用为主。出苗期为25～40天，生长期为38～45天，开花期为36～47天。多花黄精根部通常呈连珠状或结节块状，肉质横生，因其根茎形状像鸡头而被人所熟知。多花黄精喜阴湿，耐寒，怕旱，忌连作。林下种植宜选择新开垦荒地，前作为黄精、重楼、白术等药材地不宜种植，选土层深厚、腐殖质多、上层透光性充足的林下开阔地带或林缘地带为宜；大田种植宜选择前作为禾本科作物的地块，自然遮阴效果不良的大田可搭建大棚进行人工遮阴，亦可采用大田套种非天门冬科作物的方式进行种植。

1. 整地施基肥

人工栽培基地选择土层深厚、肥沃、排水良好的沙质壤土为宜，不宜选择贫瘠干旱及黏重的地块，以免影响植株生长，造成生长周期长且产量低。播种前应先将土壤深翻30厘米以上，结合整地每亩施入腐熟农家肥1 800～2 200千克、氮磷钾复合肥30～40千克作为基肥，然后翻耕平整畦面，做龟背畦，畦面宽1～1.2米，沟宽30厘米，畦高在25厘米以上。

2. 选种与定植

（1）选好种。多花黄精主要以野生根茎或人工驯化栽培的根茎进行繁殖为主。目前浙江丽水人工驯化认定的品种有丽精1号。为使多花黄精高产、优质，选择优质种茎是关键，因此在选种时，宜选1～3年生、颜色黄润、无病虫害、无损伤、芽头完好的根茎作为种茎为佳。

（2）种子处理。将种茎剪成至少带有1～3个芽眼的小段，重量20～70克，然后用草木灰涂抹伤口。种植前，用多菌灵或甲基硫菌灵等杀菌剂对种茎进行杀菌处理，种茎晾干后才可进行定植，以减少病害发生。

（3）定植时间。多花黄精在浙西南地区一般在9月至翌年3月均可定植栽培，但是，以每年10—12月和翌年1—2月播种最佳。此时气温低，种苗不易腐烂，有利于根系生长，出苗率高。

（4）定植。栽种时，一般行距30～40厘米，株距15～20厘米，深度8～10厘米，不同种植模式（栽培、林下套种）种植密度有差异，一般每亩3 500～6 000株，每亩用种量视种茎大小有所差异，一般120～420千克。定植时，种茎芽头朝上斜放，然后覆土5～8厘米厚，覆土后浇透定根水，使土壤保持湿润。

3. 田间管理

（1）中耕除草。多花黄精生长前期植株幼小，田块内的杂草生长相对较快，需要经常进行中耕除草，一般每年进行3～4次，于4月、6月、9月、11月各进行一次。

温馨提示

中耕时为避免伤及根部，应谨慎浅锄，并适当培土。多花黄精生长全过程不使用任何除草剂。

（2）肥水管理。种植第1年可不追肥或少量追肥。第2年开始，多花黄精在一年生长期内应追肥3次。第1次在3月施提苗肥，结合除草可进行追肥，中耕后每亩施农家肥1 200～1 500千克、过磷酸钙50千克、饼肥50千克，混合拌匀后于行间开沟施入，注意不要与植株根系直接接触，施后覆土盖肥防止淋溶流失。第2次在4月盛花期施氮磷钾复合肥30～50千克。5—6月，追施第3次肥，每亩施氮磷钾复合肥30～50千克，并根据植株长势，叶面喷施黄钾、海生素、喷施宝等叶面肥，促进生长。在采收采挖当年的秋季不追肥。

生长过程中的水分管理也很关键。平时以保持土壤湿润为宜，梅雨季节要及时做好排水，防止田间积水。旱季宜喷灌、浇灌，不宜沟灌、漫灌，否则容易造成根腐病。

（3）遮阴。多花黄精为喜阴作物，在浙西南自3月中下旬开始，茎顶芽开始萌动出土，在无自然遮阴条件的大田或耕地应提前搭设遮阳网，透光率控制在30%～40%，保持良好通风条件。光照减弱、天气转凉后拆除遮阳网；也可将早播玉米与多花黄精进行行间套种，行距约40厘米，利用玉米为其遮阴，不仅能提高土地利用效率，还能节省部分人工遮阴用工。在果园、林下套种遮阴种植模式中，宜满足多花黄精正常生长的光照强度条件。

（4）适期摘蕾。作为人工栽培野菜，多花黄精有花蕾鲜食和地下茎菜用及两者兼用型。以地下茎菜用为主的与另两者的采收方式有所差异，由于多花黄精的生殖生长期持续时间较长，在生成花蕾后及盛花期及时摘取花蕾作为鲜食菜用产品，一般在4月下旬至5月中旬为花蕾集中采收上市期。同时，通过及时采收花蕾，可以保证养分向地下根茎积累，提升根茎产量。

4. 病虫害防治

多花黄精抗病性较强，如果管理得当病虫害较少发生。人工栽培后主要病害有黑斑病、叶斑病、枯萎病和软腐病等，虫害为蛴螬、小地老虎、飞虱等。首先要做好预防，在定植前对种植土壤进行消毒；及时清理田间、林间病残植株、杂草和枯枝落叶；消灭越冬幼虫和蛹。菜用型采用物理防治，如悬挂黄板、蓝板、杀虫灯、黑光灯、汞灯等诱杀害虫。发生病虫害时需要及时进行化学防治。

5. 采收

用根茎繁殖的多花黄精应栽种3年以上方可采收，用种子繁殖的多花黄精应栽种5年以上方可采收。

十、黄花菜驯化栽培技术

黄花菜耐瘠耐旱，对土壤条件要求不高，适合在浙西南山区推广栽培，在地缘或山坡也可种植。对光照适应范围广，可与较为高大的作物间作。黄花菜地上部不耐寒，地下部可耐−10℃低温。忌土壤过湿或积水。旬均温5℃以上时幼苗开始出土，叶片生长适温为15～20℃；开花期适温为20～25℃。

1. 整地施基肥

整地翻土深度35厘米以上，结合深翻每亩施腐熟优质农家肥3 000千克和钙镁磷肥50千克，或复合肥50千克，整平做畦。地边预留灌水渠道和排水渠道，要求旱时能引水，涝时能排水，田间不积水。

2. 种苗处理和栽植

将黄花菜种苗条状肉质根留5～7厘米，茎剪至7～10厘米长，按大小苗分别栽植，栽植前用甲基硫菌灵浸泡10分钟，捞出晾干。

浙西南山区栽植时间一般在8月至11月上旬，栽植畦高25厘米，宽160厘米，每畦种植3行，行距40厘米，穴距12厘米，株间呈三角梅花桩状。每亩种植6 000穴，每穴栽2～3株，栽植深度10～15厘米，移栽后及时浇定根水。

3. 田间管理

（1）中耕除草、清沟培土。黄花菜主要靠地下根茎供应营养，必须定期进行松土，每年要进行2～3次中耕。第1次在春苗刚露出地面时开始进行浅耕除草，第2、3次在抽薹期结合中耕进行培土。每年11—12月进行一次清沟培土，结合浇水施肥。多次进行中耕，可保持土壤疏松无杂草。

（2）水分管理。黄花菜属喜水作物，在生长发育期保持一定的土壤水分有利高产。出苗后、抽薹前必须浇足水；抽薹到采摘期间每隔1周浇1次水。采摘结束后浇1次水，延长功能叶，为来年丰产积累养分，封冻前进行冬灌蓄墒。

温馨提示

7—8月如遇高温干旱，要及时浇水，保持土壤湿润，延长采收时间，以提高产量，灌水宜早晚进行，做到小水勤浇，忌大水漫灌，从采收到终花期保持土壤湿润。

（3）施肥管理。在秋冬中耕松土后，每亩施厩肥1 500千克，以便为翌年春苗生长和抽薹提供充足营养；春苗萌发至苗高10厘米左右时每亩施复合肥20千克，促使青苗健壮生长；在开始抽花薹时，每亩施复合肥25千克或尿素15千克、过磷酸钙10千克、硫酸钾5千克，以促进抽薹整齐、粗壮；初采花蕾1周后，每亩施复合肥10千克，采摘期每隔10天左右喷施1次0.3%磷酸二氢钾或氨基酸水溶肥，连续喷3次，以促进花蕾粗壮，减少落蕾，提高产量。

4. 病虫害防治

黄花菜如发生病虫害，对产量会有较大影响，因此防病防虫十分关键。黄花菜病害主要有叶枯病、叶斑病和锈病，均属真菌性病害，一般发生在8—9月。发现少数病株后应立即清除，叶斑病、叶枯病在发病初期用多菌灵或甲基硫菌灵兑水喷雾防治。在采收后易发生锈病，应注意及时排除田间积水，可用三唑酮兑水喷雾防治，起到杀菌抑病作用。

黄花菜虫害主要有蚜虫和红蜘蛛。蚜虫可用吡虫啉兑水喷雾防治。红蜘蛛可用杀螨特或哒螨酮兑水喷雾防治。采摘前10天停止用药。

5. 采收

适时采收是获得优质原料的关键。当花蕾含苞欲放，花蕾中段色泽黄亮，两端呈淡黄绿色，手捏花蕾有弹性时即可采收。在开花前2小时采摘完毕，采摘时用手指捏住花蕾齐花梗采下，不强拉硬扯，不连柄折下，不掰断花枝，不要漏摘。采收回来的花，应摊开放在地上晾干，堆放会因含水量过高而造成烧花。总之，采摘时以“把住火候，适时采收，掌握时间，花株两旺”为准则。

十一、蕺菜驯化栽培技术

蕺菜属多年生草本植物，一般生长于林下湿地、沟边等，在各种土壤环境条件中均能生长，人工栽培以pH 6.5～7.0的肥沃沙壤土及腐殖质壤土为佳。适合在温和气候下生长，对温度适应范围较广。在无霜期内，地上部均能生长，地下根茎在浙西南山区不同海拔区域均可正常越冬。12℃以上可发芽，地上茎叶最适宜生长温度为20～25℃，地下根茎生长的最适宜温度为18～22℃。蕺菜喜温兼湿的环境，不耐干旱，也不耐涝。蕺菜对光照要求不严，较耐阴，喜弱光照，所以也可在林下种植，具体栽培技术简单介绍如下。

1. 整地施基肥

人工栽培基地宜优先选择水源充足、排灌方便、耕层深厚的壤土或沙壤土田块。种植前要进行深耕晒垡，结合翻耕耙平的同时，施足基肥，促进地块疏松，提升肥力。

春季种植蕺菜的地块，最好在前一年冬天结冻时开始整地，可以减少病害发生。在全部清理田间秸秆、杂草等废弃物后进行深耕，耕层要在30厘米以上，结合翻耕每亩施入腐熟有机肥1 000～1 500千克、复合肥40～50千克，耕好后可进行冻晒。在翌年3月至4月上旬定植前做畦，按照要求做东西向畦，畦宽1.2～1.4米（连沟），沟宽30厘米，畦高20厘米以上。

如果秋季9—10月种植，选择好地块后，定植前进行翻耕，翻耕前施足底肥，每亩施腐熟有机肥1 000～1 500千克、复合肥40～50千克，耕好后做畦，畦宽1.2～1.4米（连沟），沟宽30厘米，畦高20厘米以上。

2. 定植育苗

（1）育苗方式。蕺菜的育苗方式有多种，有分株育苗、扦插育苗和地下根茎育苗等，在实际生产中一般以地下根茎繁殖育苗为主。

（2）分株育苗。在3月上中旬至4月初，将母株整株挖出后，分成若干株，移栽于育苗床上进行育苗，可作为9—10月秋季种植的种苗用。

（3）扦插育苗。扦插育苗可以选择春、夏季进行。扦插时，剪取无病虫害的健壮枝条做插穗，将枝条剪成长12～15厘米的短枝，将短枝的1/2扦入育苗床土中，插后浇透水，做好遮阴保湿工作，生根后可以采用分株育苗移栽定植。

（4）地下根茎育苗。地下根茎育苗适合大面积种植应用。地下根茎育苗一般在2—3月进行，选择无病、芽头饱满、节间适中、粗2～3厘米的根茎作为种茎，挖取时要保留须根，然后将种苗修剪成6～7厘米长的若干段，每一段保留芽头3～4个。种茎在育苗前可进行一次消毒，选用多菌灵浸种，10分钟后捞出晾干再移植在育苗床中。

3. 田间管理

（1）定植。扦插枝条生根、长出新叶10～15天后移植到栽培地块中。定植前，选择生长健壮无病的种茎，剪切成长5～10厘米的段作为生产种苗，每段种茎保留3～4个节。定植开沟时，行距10～15厘米，株距5～10厘米，种植深度10～15厘米，将种茎平放于沟内，再覆盖6～7厘米厚的细土。定植后加强水分管理，保持土壤湿润，一般15～20天后开始萌芽出苗。

（2）中耕除草。从幼苗成活到封行前，应中耕除草2～3次。也可在种茎移植后立即用乙草胺兑水对畦面均匀喷雾，去除杂草。

温馨提示

前期为避免损伤根苗，离植株根部5厘米处不再松土，而是进行培土护根，促进地下根茎生长，保证根茎生长粗壮幼嫩，提高品质。

（3）肥水管理。蕺菜根茎在土中横向生长分布较浅，根毛不发达，要确保土壤浅层的水分充足湿润，但是也不能长期渍水。蕺菜在定植后的种植管理中，应根据实际生长情况适当追肥2～3次。第1次在蕺菜移栽定植后，施1次提苗肥，以施氮肥为主，每亩可以用1 000～1 500千克淡人畜粪水兑入尿素3～5千克施于根部或直接施用尿素10～15千克，以促进幼苗快速生长。第2次追肥在快速生长期进行，每亩可以增施1 800～2 000千克淡人畜粪水，兑入尿素13～15千克、硫酸钾10千克，也可以选用尿素10～15千克、氮磷钾复合肥15～20千克，配施0.2%磷酸二氢钾叶面肥。第3次在植株开花前追施，每亩可以撒施氮磷钾复合肥20～25千克，配施0.2%磷酸二氢钾叶面肥。

（4）摘心去蕾。为了有效减少生殖生长消耗的养分，促进蕺菜营养吸收，应及时摘除植株生长前期长出的花蕾。如果植株茎叶生长较为旺盛，应在株高20～25厘米时，及时摘心打顶，控制植株主枝生长，促进多发侧枝，这是提高产量的关键技术。

4. 病虫害防治

（1）病害防治。蕺菜病害主要有白绢病和轮斑病，发生此类病害的主要原因可能是施用大量未腐熟厩肥和长期连作等。在病害防治时可以采取预防为主综合防治的原则，在农业防治上，可通过冬季结冰时深耕、与其他蔬菜轮作或水旱轮作以及平时清洁田园等农艺措施进行预防。一旦病害发生，应在初期做好防治，在白绢病发病初期用三唑酮兑水喷雾防治2～3次，轮斑病用甲基硫菌灵兑水喷雾防治2～3次。

（2）虫害防治。蕺菜目前在生产上发生的虫害主要有蛴螬、地老虎和红蜘蛛等。蛴螬、地老虎较多的田块可用敌百虫拌潮土撒施防治，地上害虫可用辛硫磷兑水喷雾防治，红蜘蛛可用克螨特兑水喷雾防治。

5. 采收

蕺菜应在茎叶茂盛、花穗多、腥臭气味最浓时采收。当年春季种植的可在下半年秋季采收1次。跨年栽培的在翌年5—6月和秋季各采收1次。采收时，在晴天露水干后，割取地上部分，或将全株连根挖起。

十二、荠（荠菜）驯化栽培技术

荠菜栽培适应性很广，为浙西南山区最为常见、最受欢迎的野菜之一。目前浙西南山区主要发现荠菜类型有板叶荠和碎叶荠，适合在浙西南山区推广栽培。荠菜属于耐寒性植物，冷凉和晴朗的气候条件下生长良好。生长适温为12～20℃，低于10℃或高于22℃时生长缓慢，但可耐−5℃的低温。荠菜喜欢肥沃、疏松的土壤，但在较贫瘠的土壤上也可生长，不过品质较差，荠菜的人工栽培技术总结如下。

1. 品种选择

荠菜因地区不同，形状各异，无固定品种。目前栽培品种主要有板叶荠和碎叶荠两种类型。板叶荠又叫大叶荠，耐寒也耐热，生长快，早熟，外观商品性好，但冬性弱，春栽易抽薹，一般夏季和秋季栽培。碎叶荠又叫小叶荠、散叶荠，较耐热，耐旱，冬性强、味鲜，产量低，一般春季和秋季栽培。

在人工栽培时，板叶荠要比碎叶荠产量高得多，主要原因在于板叶荠比碎叶荠的叶片大。因此，在荠菜栽培品种选择上，为获得更高的产量和较好的质量，建议选用板叶荠为佳。

2. 整地施基肥

（1）选地整地。荠菜栽培宜选用土壤肥力高、杂草少和排灌方便的田块。避免连作，以减轻病虫害发生。荠菜种植地块与一般地块相比较，土壤耕翻深度可以适当浅一些，一般在15厘米左右即可。但是荠菜种子小，需要将土耙碎精耕，保持平整、土细。

（2）开沟做畦。种植荠菜宜采用直播的方式进行，种植畦面应宽窄适宜，便于操作，如果人工采收，以人在沟边可以采收左右畦面两边的荠菜为宜。一般畦宽1.2～1.5米，畦高15厘米，沟宽25～35厘米，高畦宽沟，利于排涝，防止渍害。

（3）施足底肥。荠菜生长周期较短，要结合翻耕施足底肥，一般亩施腐熟农家肥1 200～1 500千克或商品有机肥500～1 000千克，配施氮磷钾复合肥25～30千克。

3. 播种

（1）夏季栽培低温处理。在自然条件下，荠菜种子有休眠期，需到下半年秋季才能萌发。如果夏季播种，可以通过低温处理来打破休眠。首先将荠菜种子放在2～7℃低温冰箱中，储藏7～10天后播种，一般4～5天后出苗。

（2）播种方式。一般采用撒播，荠菜种子极为细小，为使出苗均匀，宜将种子和细沙混合拌匀后再进行撒播，一般种子和细沙混合比例为1∶4～1∶5，注意撒播均匀。

（3）播种量。荠菜春播每亩需种子0.75～1.00千克，夏播每亩需种子1.20～1.80千克，秋播每亩需种子1.00～1.50千克。

（4）播种时间。浙西南山区因海拔高度落差大，不同海拔区域播种时间有所差异，一般以海拔500米为界限，可分为两个区域。500米以下低海拔区域，2月下旬至3月下旬春播，7月下旬至8月中旬夏播，9月上旬至11月下旬秋播；海拔500米以上的区域，3月上旬春播，6—8月夏播，9—10月秋播。

4. 田间管理

（1）肥水管理。荠菜较耐旱，在土壤肥力好、水分有保障的环境中生长更旺。在水分管理方面，应充分把握好土壤水分情况，采用少量多次的灌溉方式，使土壤见干见湿。可以安装喷灌设备进行喷灌，提高喷灌均匀度，减少人工作业，提升效率，切忌漫灌使土壤板结。夏播荠菜在台风、暴雨等不良天气过后，待天气放晴时，及时排水防病。遇高温干旱时，应及时浇水，以降低地温保障水分供应。在肥料管理上，生长期间每亩可喷施叶面肥1～2次。每次采收后，结合灌溉浇水追1次肥，每亩施氮磷钾复合肥10～15千克或尿素15～20千克。

（2）中耕除草。荠菜植株小，要做好杂草清除工作，如果遇上与杂草混生，除草工作费工费时。为保障荠菜的良好生长环境，在选地或栽培前期就应挑选杂草少的地块或在播种前就将杂草清除彻底。在出苗后，也应及时中耕除草，但大草易拔、小草难除。

温馨提示

杂草与荠菜争肥争水，特别是在苗期，应使荠菜栽培地块畦面尽力保持无杂草状态，当荠菜生长整齐布满畦面时，杂草不易滋生。同时，可结合荠菜的分批采收，摘除杂草，也是防草害的重要方式。

5. 病虫害防治

目前荠菜在浙西南种植产业化小，病害发生较少。但是从全国种植的角度来看，目前发生的病害主要是病毒病和霜霉病，虫害主要是蚜虫。在露地种植条件下，要合理运用轮作、及时清除田间杂草病株等措施防治病虫害。病毒病可用病毒A防治，霜霉病可用甲霜灵防治，蚜虫可用灭蚜威防治，或者根据当地实际情况选用其他高效低毒低残留农药。要注意安全生产，严格按照间隔期要求进行。

6. 采收

春、夏、秋各季播的荠菜采收都可分多次进行，当荠菜叶片长度10厘米以上时开始采收。采收时，首先要从大的植株采收，然后再采收生长密度大的田块，生长密度很稀疏的田块采收标准可以提高，但也不能太老，生长极密的田块采收标准可适当降低，小苗嫩苗也可以采收。通过前面几次的采收，逐渐调整至合理的生长密度后，开始采收正常标准的植株。采收时，为保证植株的完整性，可以用小刀或相关工具在荠菜根部1～2厘米处带根挖出，采挖时要注意保护周围植株。每次采收后，根据田块实际情况，及时浇水追肥，促进小苗持续生长，以便持续采收。

十三、金荞麦驯化栽培技术

种植金荞麦选择适宜的栽培环境至关重要，最好选择和野生金荞麦生长环境相近或相似的地方栽培，可选择土层深厚、疏松、肥沃、湿润、腐殖质含量较高的沙壤土地块，低洼易积水的地块和透气性差、黏重土壤不宜栽培金荞麦。

1. 整地施基肥

栽培地块选定后，秋季要提前对土壤进行深翻，通过冬季冻融交替来疏松熟化土壤，同时降低土壤中的病虫基数。对肥力不足的地块，冬前可每亩撒施2 000千克以上农家肥作为基肥，春季结合整地将其翻入土中。

2. 适时移栽定植

（1）定植时间。浙西南低海拔山区在3月中下旬气温回升后开始种植，高海拔山区在4月上中旬土壤解冻后种植。

（2）施基肥。种植前先按80～100厘米的沟距开沟，沟深20厘米。开沟后每亩施农家肥1 000～2 000千克（年前已施农家肥的可不施）、硫酸钾型复合肥50～75千克。

（3）做畦。施肥后埋肥做畦，畦高15～20厘米、宽60～80厘米，每畦种两行，畦间大行距50～60厘米，株距20～30厘米。

（4）定植。在土壤肥沃、底肥较足的田块培育出的优质种苗，可以适当稀植；在土壤瘠薄、肥料不足的田块育成的根茎或芽苞作为种苗的，要适当密植。高山地区可采用覆膜栽培，以延长生长期，提高产量。

3. 田间管理

（1）中耕除草。播种出苗后应及时中耕松土、清沟培垄，以保持土壤疏松透气，同时除草1～2次。金荞麦早期生长快，对杂草压制能力强，封行后只需拔除行间大草即可。

（2）肥水管理。齐苗后苗高20～30厘米时，视苗情长势每亩追施尿素10～20千克。苗高50～60厘米时，每亩追施硫酸钾型复合肥30～40千克，增施磷、钾肥，可有效提高地下块根产量。如果水肥条件好，苗生长过于旺盛，可在现蕾开花前，用多效唑兑水进行叶面喷洒，以起到控上促下、提高产量的作用。

金荞麦喜湿但不耐水渍，封行前要结合施肥进行一次培土，防止地下根茎因雨水冲刷露出土面。另外，保持高畦还有利于增大温差、促进块根膨大。易积水的地块，每次雨后要及时清理，确保沟内排水通畅。

4. 病虫害防治

金荞麦很少发生病虫害，若有蚜虫危害，可喷吡虫啉、啶虫脒、噻虫嗪等对症杀虫剂进行防治。

5. 采收

金荞麦一般春季种植，当年秋末冬初地上部分枯萎后即可开挖收获，也可在翌年秋末冬初收获。开挖前先割除地上部分，然后采收地下部分。个大、质坚的块根作为商品上市，掰下幼嫩的块根、粗壮的根茎、健壮的芽苞作为种苗。

十四、锦鸡儿驯化栽培技术

锦鸡儿是豆科锦鸡儿属灌木，在浙西南山区温州市文成县等地以花蕾作为新鲜蔬菜，每年3月采摘待放的花苞作为商品出售。锦鸡儿花蕾可炒、可煮、可煎、可炖，如清炒、炒鸡蛋、炒肉丝、炖猪肉及蒸鸡蛋等，味道鲜甜清新。锦鸡儿花期较长，一般为3—5月，每亩可种植2 000～3 000株，第2年开始可产花40～50千克，产值1 000元以上，3年后进入丰产期，亩产花150～250千克，产值3 000～5 000元。锦鸡儿根系发达，耐旱耐瘠、适应性广、水土保持能力强，具有很高的经济和生态利用价值。可在山地、边坡坎上、房前屋后等地作为植物篱笆种植，也可作为菜用净种栽培。

1. 选地开沟施基肥

应选择排灌方便的地块种植。整地开沟时，地势平坦的山地按行距100厘米开沟，台地根据山地实际情况开沟种植，沟深40～50厘米，宽50～60厘米。开好沟后，在沟内施入有机肥，一般每亩施有机肥800～1 200千克，氮磷钾复合肥20～30千克，回填时与土壤混匀，直至与沟埂高度相差5～10厘米时，做宽深均为20厘米的定植沟，以利于定植。

2. 扦插育苗

锦鸡儿属丛生小灌木类型，根系较为发达，容易繁殖，在驯化栽培中可采用分株繁殖、扦插繁殖或组织培养等方式进行育苗移栽，在实际生产中，多采用扦插繁殖方式育苗。

扦插繁殖育苗时，首先做好育苗畦，畦面尽量整平耙细，然后覆盖一层薄膜用于保湿，一般在5—9月扦插育苗，8月扦插繁殖生根最快，也可以2—3月扦插。选用茎粗0.5～1.0厘米的一年生枝条，剪成长10～15厘米的若干段，用IBA生根粉进行生根处理。扦插时枝条插入土中5～8厘米，地上部分留2～3个叶腋。扦插完成后，搭建小拱棚，以增温保湿，促进插条生根繁殖成活。

3. 定植

平整的地块及不平整的山地、坡地等均可定植。采挖小苗于1—2月移栽，根据植株大小每平方米定植2～4株，一般平整的田块每亩定植1 000～1 800株。定植以后浇透水，在定植10天以内要保持土壤湿润。

温馨提示

定植时，种苗要进行修剪，一般根据种苗实际生长情况进行修剪，修剪时，主枝要留2～3个腋芽，每个侧枝视情况留1～2个腋芽。

4. 田间管理

（1）中耕除草。锦鸡儿定植后，田间管理的主要措施为中耕除草。因锦鸡儿生长速度较慢，田间杂草生长较快，为保证锦鸡儿苗期正常快速生长，需在每年生长过程中进行2次以上中耕。

（2）修剪。锦鸡儿以采花为主，为确保花的产量，方便采摘，减少采收成本，翌年开始需进行修剪，使植株高度保持在1.5～1.8米。对生长势好、生长过密的枝条及部分春梢进行修剪，修剪时根据整株生长情况，以促进侧枝多抽生为原则修剪主枝、侧枝，以便保证翌年侧枝花枝多抽生，获得高产，同时保证田间通风透光。

（3）水肥管理。每亩应施优质农家肥1 000～2 000千克或商品有机肥500～800千克、过磷酸钙40～50千克、硫酸钾10～15千克作为基肥。在4—5月开始开花后进行追肥，每亩追施氮磷钾复合肥20～30千克。

5. 病虫害防治

锦鸡儿在生长时病害较少，煤污病是锦鸡儿的常见病，该病依靠气流、水分和昆虫传播，主要症状为叶片上形成黑色小煤点，可重复受侵染，叶片煤污层逐渐扩大增厚，以至覆盖整个叶片，影响叶片光合作用和生长。如发现该病，应及时防治，首先要防治介壳虫等刺吸式口器害虫，在平时生长管理中，通过整枝修剪、中耕除草等方式，加强通风透光。

锦鸡儿主要害虫有蚂蚁和蚜虫等，要适时进行防治。根系容易受到蚂蚁的危害，特别是花期受害严重影响花的商品性及食用价值，一般在翌年2—3月，用来福灵兑水灌根进行诱杀，花期不用农药喷施，而宜诱杀。锦鸡儿初现花蕾时易受到蚜虫危害，要及时防治，可选用杀螟松或吡虫啉或抗蚜威兑水喷雾，或采用生物防治技术，繁殖食蚜蝇、食蚜瓢虫等以防治蚜虫。

6. 适时采收

一般3月底至4月初开始采收鲜花，当花蕾花瓣稍微张开，花瓣淡黄色时，应及时采摘，分级包装保鲜上市。

十五、菊芋驯化栽培技术

菊芋是一种多年宿根性草本植物，比较耐寒、耐旱，在浙西南山区各海拔区域均有分布，适合在浙西南山区人工驯化种植推广。菊芋块茎在地下30厘米内均可利用本身的养分、水分及强大的根须正常萌发。块茎、根系储存水分能力强，可供干旱期维持生长所需。如遇大旱，地上茎叶全部枯死，但一旦有水，地下茎又重新萌发。每一复生块茎都可发芽分蘖，年增殖量可达20倍。菊芋籽落地即可扎根繁衍。菊芋对土壤要求不是很高，但酸性土壤和沼泽、盐碱地不宜种植。种植时要注意光照充足。

1. 整地施基肥

浙西南山区人工种植一般可在3月上中旬开始整地施基肥，利用翻耕机尽量深翻，确保耕深25厘米以上。然后施基肥，一般亩施优质商品有机肥500～1 200千克或饼肥100～200千克及硫酸钾肥40～50千克。施肥后，人工或用微耕机将肥料混匀后，再将畦面整平，待土壤叠实后即可播种。

2. 种苗选择及处理

人工栽培应选择壮肥、芽眼多、无损伤、无病的菊芋块茎作为种茎。播种前，为节省种茎用量，可以用刀将菊芋种茎切成若干块，每块顶部带有芽眼1个以上。切块后要及时处理，一般可以用0.8%高锰酸钾溶液浸种5～10分钟，随后捞出晾干待定植。

3. 定植

种茎处理后进行定植，定植深度一般为7～15厘米，行株距（80～90）厘米×（40～45）厘米为宜，每亩定植1 500～1 600株。密度不宜过大，否则易造成徒长、死株、倒伏等，直接影响稳产增收。定植时要在畦面任选几处多定植一批，以防止其他处不出苗时补苗之用。

4. 田间管理

（1）中耕除草。菊芋出苗后要进行查苗，如遇缺苗要及时补苗，苗长齐后，要进行中耕松土除草，松土深度在5厘米以上。当幼苗长到20～30厘米时，结合中耕除草，对分枝过多的菊芋幼苗，保留1～2个健壮主茎，抹去多余的芽茎。当苗龄30天以上、株高长到60厘米以上后，菊芋进入茎叶快速生长繁茂期，此后一般已封行，不需再中耕除草。

（2）适时追肥。定植60天左右至5月底，要适时追肥，一般亩施硫酸钾型复合肥15～25千克或氮磷钾复合肥20～30千克。9月上旬菊芋进入现蕾开花期，可追施1次0.3%～0.5%磷酸二氢钾叶面肥，增产效果非常明显。

（3）培土防倒伏。当菊芋由茎叶快速生长后期转入块茎快速膨大期后，要防止植株倒伏。可以采取起垄培土的技术措施，即将畦沟作为分沟培土，以畦高培至25～30厘米为宜，可防菊芋植株倒伏，同时为块茎膨大创造有效土壤空间，增加产量。

（4）水分管理。菊芋耐旱怕涝，严重干旱会影响其产量，水涝严重会导致烂根死苗、病害易发，甚至绝收。菊芋虽然耐旱，但是足够的水分是确保其高产的重要条件，在生产管理中，应及时关注水分管理，不能过湿但仍需保持土壤湿润。

温馨提示

如遇暴雨、台风多发季节，易造成水害涝害，此时要做到排灌便利，沟沟相通，旱可灌水，涝可排水。

5. 病虫害防治

菊芋主要病害有锈病和斑枯病等。锈病发病初期可用萎锈灵或三唑酮兑水喷雾防治，每7～10天喷施1次，连续喷施2～3次。斑枯病发病初期要及时摘除病叶，必要时喷施碱式硫酸铜或波尔多液防治，每10～15天喷施1次，连续喷施2次。

菊芋主要虫害是金针虫，在成虫盛发期，可用敌百虫喷雾防治；如果已发生危害且虫量较大时，用敌百虫或辛硫磷灌根，可有效杀死根际幼虫。

6. 采收

在霜降后，当地上部分80%以上茎叶枯黄时，是采挖菊芋的最佳时期。块茎收获后进行清洗晾干后存放。

收获后，可根据种量挖坑储藏，把不带病菌的菊芋放入挖好的坑内，放入约30厘米高后，撒上一层沙土，在离地面20厘米左右盖上土，将土填满。

十六、马齿苋驯化栽培技术

马齿苋耐寒性弱，耐热性较强，耐旱性强，喜湿但不耐水涝。马齿苋食药兼用，食用部位为嫩茎叶，被认为是野菜中酸味系统的代表，其嫩茎叶可炒食、做汤、做馅，还可做羹汤或凉拌菜等，酸度适中、清脆可口、味道好。人工栽培时选择富含有机质的沙性土壤最为适宜。

1. 整地施基肥

一般选择土层深厚、交通便利、排灌方便的地块。选好地后，在整地前施足基肥，每亩施腐熟农家肥1 500～2 000千克，均匀撒布，然后进行翻耕，翻耕深度要求在25厘米以上，再做畦，畦面宽1.3米，畦高10～20厘米，沟宽30厘米。

2. 适时播种

保护地栽培可以周年播种，露地栽培春、夏、秋季均可播种，夏季高温季节要做好降温措施，早春保护地采用促早栽培。播种前先用天然芸苔素内酯浸种，然后将种子用清水洗干净后沥干，并用3倍于种子的细沙与种子混匀后播种。马齿苋种子细小，播种方法宜用撒播或条播方式，每亩用种量1千克左右。

3. 田间管理

（1）间苗补苗。播种后一般3～5天出苗，直播畦幼苗生长过密时，要及时进行间苗。一般在苗高5～6厘米和10～12厘米时，各间苗1次，并结合浇水追施尿素水溶液1次，间苗时，确保株距12厘米。如有缺苗，可以用间出的幼苗进行补苗。

（2）中耕除草。结合间苗及时进行中耕、除草、松土，去除田间杂草，以后视畦面情况和杂草等实际生长情况再进行松土除草。

（3）肥水管理。为保证马齿苋长得肥而嫩，提高其商品性和食用品质，出苗后要适当追施一定量的人粪肥，并在生长旺季每亩施10～15千克尿素。马齿苋耐旱力强，一般情况下不需要浇水，只要保持土壤湿润即可，但在高温干旱时要注意保持水分供应。马齿苋怕水涝，如遇暴雨、台风等天气降水量过多时，必须及时清理排水沟，保证不积水、不淹水。

4. 病虫害防治

马齿苋抗性强，病害较少，但是在低温时容易发生立枯病和猝倒病，在苗期低温时要做好预防工作。马齿苋的主要虫害是蚜虫，可以选用粘虫板等进行诱杀，或采用高效低毒化学农药或生物农药等进行防治。

5. 采收

马齿苋作为菜用鲜食产品，可一次性采收，也可以分批采收。春播后30

天即可采收，可一直采收到秋季，冬季可用保护地大棚设施延长采收期。马齿苋只有在开花前采摘才能保持其鲜嫩，因此开花前10～15厘米长的嫩枝是其最佳食用部分。一次性采收的可以在现蕾前摘食全部茎叶；分批采收的，在进入现蕾期后，通过不断整枝摘心打顶，促进其侧枝生长，保证充足营养生长，阻止其开花结籽，以延长采收期，提高产量。

十七、马兰驯化栽培技术

马兰的嫩茎叶可食用，是深受人们青睐的野菜之一。马兰在浙西南山区各海拔区域均有分布，喜冷凉湿润气候，种子发芽适温20～25℃，植株生长适温15～21℃，32℃高温仍能正常生长，32℃以上停止生长或叶片干枯，但气温过高时，植株纤维多、品质差。耐低温，−10℃以下地下根茎也能安全越冬，低温时植株生长缓慢。对土壤条件要求不严，最适合在肥沃、湿润、疏松的土壤中生长。经过科研人员的试验探索，已经比较完善地掌握了马兰的驯化栽培技术。

1. 整地施基肥

（1）地块选择。栽培地块要求土层较深、疏松肥沃、富含有机质、保水性好、排灌方便。

（2）整地施肥。马兰植株嫩小，容易滋生杂草，形成草马共生的情况。要在播种或移栽前20～30天，结合施底肥，进行一次翻耕，底肥每亩施优质农家肥2 000～3 000千克或有机肥800～1 500千克、过磷酸钙20～30千克、复合肥20～30千克。

（3）做畦。畦面不宜过宽或过窄，以人站畦沟中能采摘到两旁的马兰为宜，一般畦宽1.3～1.5米，畦面宽1.0～1.2米，沟宽30厘米，沟深20厘米以上。

2. 育苗定植

（1）种子播种。马兰采用种子播种时以春播为佳，一般在气温开始升高的2—3月为宜。播种前，要先浇透水。马兰种子细小，播种时可先用4～5倍细土、细沙或草木灰等混合拌匀，然后均匀撒于畦面。播后覆0.5～0.8厘米厚土层，然后轻轻压实，使种子与土壤密接，覆土后畦面可以覆薄膜、秸秆等，以利保湿、保温，出苗后应及时揭去覆盖物。

（2）小苗移栽。种苗可选用人工已育成苗或野生采集的种苗，其中选择人工已育成苗简便易行，成本相对较低，且成活率高，从移栽到采收时间短，缩短生产时间，而且在每年春、秋两季均可进行。

采集野生种苗时，应选择生长健壮、无病的植株，连根带泥挖取马兰整个植株。定植前，先把整株马兰分成若干小株，一般分株标准为每小块有根茎和茎枝3～4根。定植行株距为（30～40）厘米×（20～30）厘米，移栽后及时浇透水，以利成活。

3. 田间管理

（1）中耕除草。移栽定植前采用地膜覆盖的，可以减少中耕除草这一环节，节约人工成本。若定植前未覆盖地膜，要及时除草，而且要早除除小，尽量连根彻底拔除杂草，避免杂草再次萌生及减少其后期抽生，提高除草效率。

（2）水肥管理。若是种子播种的，出苗以后，根据土壤湿润情况，在早晨或傍晚喷水1次；马兰虽较耐旱，但在生长期间，如遇高温干旱天气，也应及时浇水，以免受旱，影响其产量和品质。当幼苗长出2～3片真叶时，结合中耕除草可以进行第1次追肥，采摘前7～10天进行第2次追肥，每亩追施氮磷钾复合肥15～20千克或尿素10～20千克，以后每采收1次追肥1次。

若是移栽定植覆盖地膜的，缓苗成活后，施一次提苗肥，每亩施氮磷钾复合肥15～20千克，适当追施尿素10～20千克，以后每采收1次追肥1次。

4. 病虫害防治

马兰人工露地栽培时病虫害发生轻，在大棚设施栽培时主要做好灰霉病的预防。可在移栽定植或种子播种前，用多菌灵或敌克松与底肥混施后翻耕，对土壤进行消毒。大棚设施栽培的要加强大棚的通风管理，控制棚内温度，不宜超过20℃。若是发生灰霉病，可用速克灵或万霉灵兑水喷施，连续喷施2～3次。

5. 采收

露地栽培一般可在3—4月采收，大棚设施栽培一般在2月上中旬开始采收，可以连续采收3～4次，每亩产量800～1 000千克。一次性采收的，可以用小刀等各种适宜的工具采收，采摘时沿根部以下0.5～1.0厘米处割收，割收时要注意保留好地下根部，促进新芽萌发。多次采收的，要按照采大留小的原则进行，以保证持续多次采收。每收1～2次后，要追施1次尿素水溶液肥料，要经常保持畦面湿润，促进茎叶生长。

十八、攀倒甑驯化栽培技术

攀倒甑抗性强，适应性广，常连片生长，茎叶茂盛，多分布于山坡、田间地头、草地及房屋旁、沟边等阴湿处。攀倒甑有抗微生物作用，对病毒有较强的抑制能力，可清热解毒、排脓消肿，煎汁内服可治急性阑尾炎、阑尾脓肿和肝炎等。在3—11月采其嫩茎叶做菜食用，兼治热症。由于野生攀倒甑食药兼用，无农药污染，采食期又长，是一种典型的绿色有机蔬菜，颇受人们青睐。随着市场欢迎度日益升高，人工栽培日益增多。

1. 整地施基肥

宜选择排灌水便利的田块作为种植基地，以土壤疏松的沙壤土为宜，整地前要结合翻耕施足底肥，一般亩施有机肥600～1 000千克，氮磷钾复合肥20～30千克。施好底肥后，翻耕做畦，一般畦宽85～105厘米，畦沟深20～30厘米，畦沟宽25～35厘米。做好畦后要平整畦面，通过覆盖地膜可以减少人工除草，提早出苗。

2. 定植移栽

通过幼苗定植获得的种苗，成活率高，缓苗快，产量高。如果选择幼苗定植，供苗时间跨度长，基本上周年可种植，浙西南山区海拔600米以上区域，3—9月种植为宜，海拔600米以下区域，2—8月均可种植，最早可提前到上年12月底至1月。选择长势良好、无病、健壮的幼苗，先剪掉顶端的黄茎叶、老叶、病叶，定植时，每畦种两行，行株距（40～50）厘米×（20～30）厘米，大苗每穴定植1～2株，小苗每穴定植2～3株。定植后，用土压实盖平。根据实际情况浇透定根水，定植时间以晴天傍晚为佳。

3. 田间管理

缓苗后，及时施一次稀薄氮肥提苗，一般每亩施10～20千克尿素掺水1 000～2 000千克，施肥时注意不能直接浇灌根部。一般若未在田间发现病虫害，尽量不喷施农药，根据实际情况可预防1～2次。如果是露地栽培未铺设地膜的，结合追肥要做好中耕除草，如果是铺好地膜的，做好定期水肥管理即可。开始采收后，每采收1次追施1次低浓度氮肥，并浇水以保持土壤湿润。越冬前，完成最后1次采收后，每亩沟施腐熟有机肥800～1 200千克，然后进行1次培土除草，在此期间可以进行适当的修剪，以保证翌年的高产优质。翌年2—3月，气温升高后开始萌芽抽生枝叶时，施1次稀薄氮肥促进萌发。

4. 采收

一般定植30～40天后，当茎叶长至10～15厘米时开始采收，以后每隔20～30天采收1次，一年可采收多次。攀倒甑可以一次定植多年采收，在每年开春抽生出苗后，进行1次间苗，但为提高产量和品质，建议2～3年后重新定植采收。

十九、蒲公英驯化栽培技术

蒲公英为多年生草本宿根性植物，以其嫩苗或嫩叶作为蔬菜，可食率80%以上，鲜嫩清口、香脆微苦，营养丰富。蒲公英耐旱、耐湿、耐酸碱，能在各种类型的土壤中生长。野生蒲公英在浙西南山区分布较广，适合人工驯化栽培。

1. 整地施基肥

栽培地应选择生态环境好、水源无污染、土壤肥沃、深而疏松的地块。结合整地施足基肥，每亩施用腐熟有机肥1 000 ～ 1 500千克、氮磷钾复合肥15 ～ 20千克，有条件的用机械深耕20厘米以上，然后做畦。畦面宽60 ～ 80厘米，畦高20厘米，沟宽30厘米。

2. 播种

（1）种子处理。生产上以采用种子直播或育苗移栽为主，蒲公英种子没有休眠期，可随时播种。种子播前可进行温汤浸种处理，将种子置于50 ～ 55℃的温水中，待自然冷却后再浸泡6 ～ 8小时，然后捞出种子用毛巾或湿布包裹或放置在人工气候培养箱中进行催芽，其间要确保高湿，温度在25 ～ 28℃为宜，待种子开始萌动露白即可播种。

（2）播种时间。蒲公英的适宜播种时间跨度长，一般3—10月均可，冬季播种需要在大棚设施内进行。春季3—5月播种，从播种到出苗需6 ～ 7天；6月初播种，从播种到出苗需10 ～ 12天；7—8月播种，从播种到出苗需15天左右。

（3）播种方式。播种可以采用条播和撒播两种方式，大棚设施栽培一般采用条播。

（4）播种。条播亩用种量0.50 ～ 0.75千克，平畦撒播亩用种量1.5 ～ 2.0千克。播种后覆土，轻微镇压，然后浇透水。

3. 田间管理

（1）中耕除草。蒲公英出苗10天左右结合间苗开始第1次中耕除草，以后每15天左右中耕除草1次，直到蒲公英植株封垄。要做到田间无杂草，封垄后需进行人工除草。

（2）间苗、定苗。结合除草进行间苗、定苗，出苗10天左右可以进行间苗，间苗行距20 ～ 25厘米，株距5 ～ 8厘米。出苗20 ～ 30天后，待蒲公英的株高8 ～ 10厘米时，可以进行定苗。

（3）肥水管理。水分管理：在整个生长期间，要一直保持土壤湿润。出苗后要适当控制水分，保证幼苗壮实，防止植株徒长；在生长旺盛期，水分的充足供应是保持高质高产的关键。霜冻前浇1次水，有条件的地块可以在畦面覆盖稻草、秸秆等保温。

肥料管理：一般定苗后生长期间追肥1 ～ 2次，以施氮肥为主，每次亩施尿素10 ～ 15千克、过磷酸钙6 ～ 8千克，以保证全苗及出苗后生长所需。秋播入冬后，进行一次沟施底肥，每亩施有机肥500 ～ 800千克、过磷酸钙25 ～ 30千克。

4. 病虫害防治

蒲公英抗病性较强，病虫害发生较少。一般采用“预防为主，综合防治”的植保方针，可以综合应用农业、物理、生物、化学防治。

目前在蒲公英生产上出现的病害主要有白粉病、叶斑病、斑枯病和锈病等，要注意田间卫生，及时收割病叶，除去病株，可选用乙嘧酚或苯醚甲环唑兑水喷雾进行化学防治。虫害有蚜虫、地老虎等，蚜虫用吡虫啉或啶虫脒兑水喷施防治。

5. 采收

蒲公英可以从幼苗期开始分批采摘外层大叶食用，一般植株高20厘米后开始采收，20天左右采收1次，每亩每次可收割鲜品700～800千克。也可以一次性采收整株，采收时，沿地1～2厘米处平行用刀割收，保留地下根部，以长新芽，一般每亩可以收割2 000～2 500千克。蒲公英整株割取时，刀口切面或根部受损会流出白色的汁液，此种情况10天之内不宜浇水，以防烂根。

二十、蘘荷软化栽培技术

近年来，蘘荷逐渐受到一些消费者的青睐和追捧，以药食同源特色蔬菜出现在餐桌上。在浙西南如丽水等地山区，长期以来当地腌制蘘荷作为度夏淡季蔬菜，如今随着城市化进程的加快，乡村空心化使得蘘荷种质资源日益减少，亟待进行蘘荷资源保护及人工栽培。

1. 种植环境选择

蘘荷喜凉爽而湿润的气候，不耐高温，高温炎热会影响其生长。浙西南山区海拔100米以上地区均可种植，中高海拔区域种植应选择土层深而疏松、水分充足且排灌方便的山地或田块种植，低海拔区域种植须注意遮阴和选择山阴面、水分充足、排灌方便的沙壤土种植，并与高秆作物搭配为佳。

2. 整地施基肥

在平整田块种植时，可以双畦或单畦种植，畦连沟宽1.5米，行距50～60厘米，株距30～40厘米，畦高20～30厘米，畦不宜过高，否则夏季高温季节易缺水而影响生长。坡地或者不平整山地种植，应按排水高低方向做畦，畦宽可根据坡地实际情况而定。定植前每亩施有机肥1 000千克、氮磷钾复合肥30千克作为基肥。

3. 移栽定植

蘘荷适应性强，移栽定植一般在12月至翌年4月为宜。浙西南山区低海拔地区一般在3月，浙西南山区海拔600米以上地区在3月底至4月上旬为佳。12月至翌年2月底，定植时未出苗的，选取茎秆粗壮的地下茎作为种苗，确保每株地下茎有1～2个芽基；3月下旬至4月上旬，种苗出苗的，每株留1～2个芽，芽头朝上定植，定植深度为8～10厘米，每亩种植1 000～1 500株。蘘荷为多年生作物，随着繁殖数量的增多，翌年开始，根据生长情况适当间苗、疏苗，疏出的苗可用于种苗繁育或扩种。

4. 软化覆盖

（1）覆盖基质选择。覆盖基质选用稻壳效果最佳，其次是香菇废菌糠、稻草等，具有透气性好、降低夏季地温、除草保湿、疏松土壤等作用，同时，芽苞容易采摘、干净，可提高商品性。

（2）软化覆盖管理。在移栽定植后将稻谷壳均匀撒在畦上，平均厚度控制在3～5厘米为宜，过浅达不到软化的效果，过深则影响出苗、增加生产成本。

5. 田间管理

（1）水分管理。蘘荷喜湿润，应保持土壤湿润，尽量做到不干不燥，特别是夏季高温季节要保持土壤不干，必要时可以浇灌或喷灌。

（2）定期追肥。蘘荷定植后追肥一般分3个时期，第1个时期是出苗期，控制施催苗肥，每亩施尿素10千克；第2个时期为营养生长期，待叶完全展开时每亩施尿素15千克，使地上茎叶生长加快；第3个时期为生殖生长期，加施磷钾肥，每亩施氮磷钾复合肥15千克。同时，为了实现翌年高产，结合深耕施冬肥，每亩施有机肥1 000千克，翌年春天不用再次施肥。

6. 病虫害防治

蘘荷本身具有一种特殊气味，有驱虫作用，虫害极少。目前浙西南山区以零星种植为主，加上野菜对病害的特殊抵抗作用也决定了蘘荷病害发生较少，目前发现的有腐败病、叶枯病。在生产过程中应做好预防，如腐败病发病初期应及时拔除病株，并喷洒多菌灵，每隔7～10天喷洒1次，连续防治2～3次即可；叶枯病则用甲基硫菌灵或噁霜·锰锌等喷雾，隔7天喷1次，连续防治2～3次。

7. 采收

在浙西南山区蘘荷以采收芽苞为主，可鲜食及加工腌制，不同海拔采收时间有差异，随着海拔的上升而推迟。芽苞出土后未开花前，掰下蘘荷的嫩芽，其花轴和地下茎可供食用。在嫩芽长10～15厘米、叶鞘散开前采收，每年采收1～2次。

二十一、三脉紫菀驯化栽培技术

三脉紫菀对立地条件要求不高，浙西南山区海拔100～1 500米的区域均有分布，但是从可食用的品质来看，分布在海拔500米以上区域的三脉紫菀叶子更嫩，商品性更好。从驯化栽培角度来看，目前适合在浙西南山区不同海拔区域栽培。

1. 整地施基肥

种植基地宜选择排灌方便、土层深厚、疏松肥沃的壤土或沙壤土地块，不宜选择排水不良的洼地和黏重土壤。整地时，土壤要先深翻，清除杂草和石块，每亩施农家肥1 000千克或饼肥100千克作为基肥。

2. 定植

三脉紫菀可以采用根茎来种植或种苗定植，与种子播种繁殖比较，能提高种苗成活率30%以上。在浙西南山区，春秋两季均可栽培。春季栽培一般在3月下旬至4月上旬，秋季栽培一般在10月下旬至11月，实际生产中以秋天种植为宜。定植时选用粗壮、紫红色、有芽、节间短、无病虫害感染的根茎作为种苗，分成5～7厘米长的芽茎，确保每段留2～3个芽眼。定植时开6～8厘米深浅沟，行株距（25～30）厘米×（15～20）厘米，然后覆土3～5厘米，覆土后要浇透水。在春季种植时，也可以利用种苗直接定植，一般在5～7片真叶时直接定植到田间，行距可以按照根茎种苗定植的要求确定。

3. 田间管理

（1）中耕除草。苗期封行前容易长杂草，因此，在出苗后至封行前应及时中耕除草，可以结合追肥中耕除草2～3次。初期宜浅锄，防止伤害根部。夏季枝叶繁茂封行后一般不用除草，如果确实有需要的宜选择人工除草。

（2）水分管理。三脉紫菀喜土壤湿润，如土壤过于干旱会影响根系发育。苗期需水量较少，应适量浇水，不宜过湿，以免导致根系深扎。5月以后气温上升快，也是三脉紫菀枝叶繁茂期，需要加大浇水量。7—8月正值浙西南地区台风多发，应注意排除强降雨天气后的积水。9月后可适量浇水。浇水最好在早、晚进行，当水渗透畦面以后，应及时将沟水排干净。

（3）适当追肥。三脉紫菀在一个生长周期内一般需要进行2～3次追肥，第1次在4—5月进行，第2次在7月上中旬进行，每次每亩施复合肥10～15千克，宜沟施。此外，9—11月花期时应及时将花薹剪掉，促进地下部分的生长，但作为留种的植株除外。

4. 采收

移栽定植25～30天后，当苗长到18～25厘米高时，可开始采收。采收时把主枝的顶端去掉，苗顶端的嫩枝叶可作为菜品食用。第1次采收后，根据温度、光照等实际生长条件，一般每隔7～15天采收1次。从4月开始，可采收6～8次。

二十二、鼠曲草驯化栽培技术

鼠曲草集美食、营养、药用功效于一身，一直是人们清明时节普遍食用的时令野菜，在浙西南地区也是最为常见的一种野菜之一，主要分布于海拔1 200米以下区域，常见于田间、草地、荒地、路边、河岸等湿润环境中。鼠曲草对土壤的适应范围广，光照要求不严格，较耐弱光，在较高的温度和短日照条件下易抽薹开花。鼠曲草植株小，生长期短，可与其他蔬菜间作、套作。

1. 整地施基肥

人工种植宜选择土层深厚、疏松湿润、排灌方便、保水保肥力良好的壤土地块。播种深翻前施入基肥，每亩施腐熟农家肥800～1 000千克。然后做宽1.2～1.5米的高畦，沟深20～25厘米。整细耙平后即可播种。

2. 播种

（1）播种时间。鼠曲草种子易萌发，但发芽率低，适宜发芽温度为15℃，15～20℃时发芽最快，播种时间为2月下旬至3月上旬，3月底至5月采收，播种至采收时间一般在30～60天。

（2）播种方法。播种时，将种子与细沙按一定比例混合均匀，播后覆1厘米左右厚的土层，播后保持土壤湿润，可以覆盖薄膜。出苗后，适当控水，保持适宜的温度，促使幼苗健壮生长。一般每亩播种量0.5～1.0千克。

3. 田间管理

播种后至幼苗出土前保持土壤湿润，以利出苗。当幼苗长到2～3片真叶时进行间苗。及时拔除杂草，保持土壤湿润。

追肥以腐熟的人畜粪水为主，配施适量氮肥，当苗高10厘米左右时，追第1次肥，以后每茬采收后及时浇水、施肥，并定期除草。

4. 采收

鼠曲草的可利用部位主要是嫩茎叶，在植株长到10厘米左右时，即可开始采收。如作多年生栽培，除留部分成株采种外，其余可采收整株幼苗。

二十三、水芹驯化栽培技术

水芹是伞形科水芹属多年生草本植物，茎直立或基部匍匐，可当蔬菜食用，其味鲜美，民间也作药用，是江南一带较受欢迎的野菜之一，目前人工栽培较多。水芹喜冷凉湿润气候，生长在水沟、河边或低洼潮湿的地方，生长适温15～25℃；耐寒性较强，但在8℃时生长逐渐停止，气温长期在0℃以下时易受冻害；也较耐热，但25℃以上时生长不良，30℃以上生长停顿，叶片枯黄，但不会枯死。水芹终年生长在水中，整个生长期需要充足的水分，不耐旱。水芹喜肥，适合土层深厚、含有机质的黏壤土，酸性至中性土壤最佳。

1. 整地施基肥

选择水源丰富的地块作为栽培地，在定植前7～10天施足底肥，每亩施优质腐熟有机肥1 000～1 500千克或饼肥100～150千克，氮磷钾复合肥50～75千克，然后进行翻耕。翻耕完成后平整田块，再灌上一层1～3厘米薄水。

2. 定植

（1）定植时间。水芹在浙西南地区春秋两季均可种植。春季一般以3月为适栽期，秋季可以在8月定植。

（2）直接育苗定植。春季定植栽培种苗棵小，栽培密度要适当加大，一般行株距为15厘米 ×15厘米即可。秋季种植移栽时，行株距为20厘米 ×20厘米，冬季收获。定植后，再灌一层薄水，栽植时种苗不能埋于土中太多，也不能都漂在水上。如种苗埋入土中太多，会造成萌芽延迟，如水芹未埋入土中而浮在水面上，则容易滋生匍匐枝。要适当保持灌水层在3厘米以上，使根茎的1/2浸入水中，一般定植7 ～ 10天后，种茎开始萌发抽生，节位处休眠芽开始抽生新根，逐步形成独立小苗。

（3）催芽定植。

①催芽。水芹通过定植前的催芽，可以提高定植成活率。催芽前，先从留种田中选择茎秆生长较为健壮、无病、茎粗约1厘米已经老熟的母茎进行收割。收割后，捆成若干捆，然后竖直排放于阴凉处，做好遮阴保湿，早晚各用水淋浇1次。

②定植。一般经8 ～ 10天后，水芹各节开始萌芽抽生新根，此时可以开始定植。定植时温度不宜超过25℃。定植前，将整捆种芹去除无芽或瘪芽的顶梢部分，然后切成长30 ～ 40厘米的小捆。定植时，母茎基部朝外面，沿四周逐一排放，茎间距6 ～ 8厘米，田中间可散排。每亩大田用种300 ～ 350千克。

温馨提示

定植时将种茎置入田块中，将其2/3或20 ～ 30厘米嵌入泥中，利于扎根出苗。

3. 田间管理

（1）水分管理。水分管理是水芹生产的重要一环，栽培时的灌水总原则是“浅—深—深”。定植后，田间要尽量保持薄水，定植移栽8 ～ 10天后，可以排水搁田1 ～ 2天，促进根系萌生加快生长，为后期生长提供基础。灌水后，水层深度逐渐加深，可以灌水至4 ～ 5厘米深，促进水芹快长。生长后期，要保持深水层，一般保持水深8 ～ 10厘米。越冬期，当温度降至0℃时，应提高水层到15 ～ 20厘米，可以防止冻害。

（2）肥料管理。种植前应重施基肥，以施基肥为主，追肥为辅。第1次追肥为移栽定植15天后，每亩施尿素5 ～ 10千克或氮磷钾复合肥10 ～ 15千克；第2次追肥在第1次追肥15 ～ 20天后，每亩施复合肥15 ～ 20千克；第3次追肥根据水芹长势而定，对长势弱的田块，适当补肥。

4. 病虫害防治

（1）主要病害。水芹较少发生病害，即便发生病情也较轻，目前主要病害为斑枯病和锈病。发生斑枯病时，可交替使用代森锰锌、甲霜·锰锌等杀菌剂，每7～10天喷施1次，连续防治2～3次。发生锈病时，可用三唑酮、代森锰锌交替防治，每7～10天喷施1次，连续防治2～3次为宜。

（2）主要虫害。水芹的主要虫害为蚜虫。可用吡虫啉兑水喷雾，每8～10天防治1次，连续防治2～3次。

5. 采收及留种

春季栽培后80～90天就可陆续采收，秋季一般在移栽定植后11月下旬至翌年4月，可陆续分批采收。一般亩产为4 000～5 000千克。

如果需要留种，选择节间短、分蘖多、无病虫害的健壮株系作为种株。定植前宜在晴暖天气起苗，每穴2～3株，移栽到留种田，行株距各10厘米左右。水层以5～7厘米浅水为宜，有利于提高水温，促发新根和发棵。如遇倒春寒，及时灌深水护苗，寒潮过后排至浅水层。当株高达到25～30厘米时，应进行分株，移植别处扩繁。追肥应选在发生匍匐茎前，每亩追施尿素8～10千克，间隔20天后，再追施1次。当水芹苗长到移植高度时，方可移植大田。

二十四、天胡荽大棚栽培技术

天胡荽属伞形科天胡荽属多年生草本植物，茎细长而匍匐，平铺地上成片，节上生根，茎叶可作为蔬菜食用。在浙西南地区，露地栽培天胡荽已有多年，但因夏季高温干旱、太阳直射时间长、冬天低温冰冻以及台风暴雨天气等不良气候条件，影响了天胡荽的栽培，其产量及品质还不能满足市场消费需求。为加强野生天胡荽种质资源的保护和开发利用，浙江省丽水市农林科学研究院科研人员联合景宁农业农村局相关技术人员，开展了设施环境下的天胡荽驯化栽培技术研究与示范，通过滴灌、保暖、避雨等技术措施的集成应用，基本实现了天胡荽的周年栽培，且品质优、产量高、病害少。

1. 基地选择

天胡荽作为野菜具有抗逆性良好、适应性强等特点，以在微潮肥沃的沙壤土中长势最佳。在基地选择时，一般以地势平坦、土壤肥沃、耕层深厚、排灌水方便的沙壤土地块为首选。

2. 设施构建

露天栽培因夏季高温干旱、太阳直射时间长、冬季低温严寒、台风、暴雨等，严重影响了天胡荽的生长发育和食用品质。通过大棚栽培及配套栽培技术，可有效避免或减轻环境对天胡荽生长发育的不利影响，并减轻其叶片病害的发生，实现优产、高产。

大棚材料可选用镀锌钢管或毛竹搭建，宽度和高度与常规标准蔬菜大棚相同即可。棚宽规格一般为6米或8米宽，大棚高度一般为2.8～3.2米，以方便农事操作以及基地内的土地合理利用。直接利用现有蔬菜大棚种植的，宜考虑棚内土壤酸化程度及其他病虫害问题，问题严重的须进行土壤改良及消毒。

3. 整地做畦

（1）整地施基肥。因天胡荽生长周期长，整地前应施足基肥，每亩施商品有机肥或腐熟鸡粪800～1 200千克、45%氮磷钾复合肥30千克。若大棚内土壤酸化（pH≤4.5），每亩加施生石灰50～75千克进行改良，同时可杀灭土壤中的一些害虫及虫卵，减少后期虫害。然后进行翻耕，翻耕深度20～30厘米，使土壤与肥料等投入品混合均匀，有利于天胡荽生长发育期间的根系生长。为减少人工翻耕成本，提高生产效率，建议有条件的使用微耕机进行翻耕。

（2）做畦。宽6米的大棚，采用4畦种植模式，畦宽连沟1.5米，畦高20～30厘米；宽8米的大棚，则采用5畦种植模式，畦宽连沟1.6米，畦高20～30厘米。做到畦面平整，土壤疏松，棚内排水要保持畅通。

4. 种苗准备

（1）野生采集。野生天胡荽在浙西南地区各海拔区域均有分布，主要生长于湿润的路旁、田边、沟边、草地和溪流河畔等地。设施栽培种苗应选择无病害、生长旺盛的植株。采集时连根带土起挖，适量带土可提高移栽成活率，减少移栽后的缓苗时间。采集后将种株及时置于阴凉处，以免太阳照射造成植株失水。采集的种苗应统一管理，并尽早安排定植。

（2）栽培苗分株留苗。在原有栽培天胡荽的田块中筛选种苗时，应选择具有无病害、生长旺盛、嫩绿等优异性状的单株作为种株，并标记。定植时，挖取种株的大部分作为种苗，按照主匍匐茎走向，将主匍匐茎位置掐断，然后连根带土起挖。

温馨提示

起挖时应注意保护根系，尽量挖取更多的根系，以利于栽后成活，并缩短缓苗时间。

5. 移栽

天胡荽的适应性强，设施栽培一般可周年移栽成活。适宜移栽期为11月至翌年4月。选择阴天或晴天的早晨与傍晚，移栽定植时，每畦种植两行，株距40厘米，行距80～90厘米，每亩栽2 000～2 200墩，栽后及时浇定根水，以利早发根。每墩种苗用量（即匍匐茎根量）不同，采收期会不同。种苗用量越多，匍匐茎发根生长越快，采收上市越早，因此根据田块及种苗量的实际情况，合理安排每墩种苗数量。移栽后一周内查苗，发现缺苗、弱苗、死苗，应当及时补种，增加田间利用率。

6. 田间管理

（1）防草除草。天胡荽属匍匐类铺地生长的草本植物，在播种、移栽初期，由于地面覆盖度低更有利于杂草生长，而形成草害。防草除草是提高和保障产量和品质的关键措施。因此，在移栽初期茎叶未封行前，根据田间杂草生长情况及时进行中耕除草，做到田间无杂草；在生产上鼓励一年一种，可以有效减少杂草生长量和降低除草难度。

（2）中耕施肥。中耕要求在天胡荽根茎封行前进行，1～2次的中耕翻地有利促根壮苗，又可避免草害。中耕应浅耕松土，避免破坏天胡荽植株根系生长。施肥则根据植株长势，一般至采收不需要追肥，如植株长势弱，可追肥1～2次，每亩用45%氮磷钾复合肥15千克兑水进行浇灌追施。当年种植的，一般至6月始收，采收后根据生长情况进行施肥，生长势减弱时，每亩用45%氮磷钾复合肥15～20千克，撒施于根茎旁边。如要追施尿素则需注意浓度，浓度过高则容易烧苗。若施肥不及时，会影响采收期和产量，适时可以用0.3%磷酸二氢钾或叶面肥等叶面喷施1～2次。

（3）水分管理。天胡荽虽喜阴湿环境，但不耐涝，种植时应做高畦防止积涝；遇梅雨季节、台风等多雨天气及时做好清沟排水工作，防止棚内排水不畅，对天胡荽生长不利。遇高温干旱天气，应及时灌沟浇水，有条件的可在设施内安装滴灌或喷灌设施，以保障干旱季节水分供应，为天胡荽的优质、高产栽培提供保障。

温馨提示

在实际生产中，采用固定微淋喷头时，应注意把控喷雾时长，喷淋设施虽然能有效减少人工成本，但由于水分基本喷淋在天胡荽叶面上，加之喷淋会导致大棚内相对封闭的空间湿度过大，不及时通风降湿容易导致大棚内发生病害造成烂叶。

7. 病虫害防治

目前天胡荽的生产规模小，发生的病虫害种类尚不多，主要病虫害有叶甲类、灰霉病等。在生产时要注意园区环境卫生，加强栽培管理，合理轮作，做好病虫害预防及防治工作。

叶甲类害虫可用高效氯氰菊酯，或噻虫嗪，或噻虫胺等喷施，视虫情用药，一般间隔7～10天。

灰霉病可使用苯醚甲环唑，或百菌清，或甲基硫菌灵，或其他高效、低毒、环保的化学农药喷雾防治，用药时须保证喷施质量，做到喷施均匀。

化学农药必须在采收前的20天停止使用。

8. 采收

鲜食天胡荽通常拔取根茎，在茎叶封行时开始采收，一般可周年采收，采收旺季在6月、11—12月及翌年3—4月。从鲜食角度的品质来说，以4—6月和11—12月的品质为好。周年采收，每亩产量可达1 200千克。

二十五、鲜食木槿驯化栽培技术

木槿在浙西南山区一般生长在海拔600米以下的山地疏林中。花蕾作为其可食用部分，分重瓣花和单瓣花，食用一般以重瓣花为主。木槿花蕾颜色多样，主要有粉色、白色等。木槿花营养丰富，每100克鲜花含蛋白质1.3克，脂肪0.1克，碳水化合物2.8克，钙12毫克，磷36毫克，铁0.9毫克，尼克酸1毫克，并含肥皂草苷、多量皂苷及黏液质等。木槿以花作为商品食用受到不少消费者的追捧，在浙江丽水遂昌、龙泉等地已开始人工种植。

1. 种苗准备

（1）扦插时间。木槿容易生根，一般多采用扦插繁殖种苗，扦插时间可以在12月落叶后及3月萌芽前，结合整形修剪进行扦插最佳。

（2）扦插苗标准。扦插应选取1～2年生的健壮、节间短、腋芽明显木质化枝条，细小的枝条过嫩不易成活，太老太粗的枝条也不易成活。

（3）扦插前枝条处理。将符合扦插标准的枝条剪成长10～15厘米的小段，每个茎段上要有2～3个以上的芽。在枝条修剪时，上切口要在腋芽以上1厘米处剪平，下剪口从腋芽处斜剪成45°（埋入土壤中的为下部），斜剪后增加切面面积易生根。如扦插时枝条已开始萌芽长叶，应摘除新长的叶片，以减少水分蒸发。

（4）扦插。将处理好的枝条放置在生根水中15～20分钟后，扦插至事先准备好的扦插育苗床，行株距为25厘米×15厘米，扦插入土深度为5～8厘米，即入土深度为枝条长度的1/3以上。

（5）扦插后管理。扦插后浇足水，要小水漫灌，灌足灌透，然后搭建小拱棚保温保湿，定期通风。扦插苗约30天后开始生根发芽，前期有些也会抽生腋芽长叶的假活现象。早春扦插的苗当年成活后当年就会开花。

2. 定植

木槿较喜光照和温暖湿润的气候条件，具有很强的环境适应力，耐热性好，耐寒性强，有点耐阴，较耐干燥和贫瘠的土地。因木槿是木本植物，定植一般都选择山地为主，一次种植可以多年采收。

定植前，按行距200厘米、株距150厘米挖定植穴。挖好穴后，施足基肥，一般亩施腐熟的厩肥2 000千克或商品有机肥600 ～ 1 000千克，配施复合肥20 ～ 30千克，基肥不能施于穴中心，要施于定植穴周边一米内。一般每亩定植150 ～ 200株。定植时间一般在12月至翌年3月，最好是在阴天进行。定植时要把木槿苗的根部适当修剪，可以适当修剪过长根系，然后填土踏实，浇足定根水，以后根据土壤干湿情况浇水。

3. 田间管理

（1）肥水管理。木槿比较喜肥，在定植前已经施足基肥，确保后期生长，当枝条萌动抽生时如遇生长势弱的情况，可以在萌芽期施1次肥，促进营养生长。开始现蕾前追施磷钾肥，结合锄草培土施于植株根部附近，促进植株孕蕾。为提高鲜花产量和品质，开花期最好每个月追肥1次，以磷钾肥为主，辅以氮肥，防止叶片过早脱落。开花期如遇天气干旱，应注意及时浇水。

（2）植株修剪。木槿生长迅速，自然生长管理条件下株高可达2米以上，为方便花蕾采收，要通过修剪控制植株高度和冠幅，提高侧枝萌发数量，便于采摘和田间管理。为提高产量，株高要控制在1.5 ～ 1.8米。修剪一般在入冬落叶后或早春枝条开始萌芽前进行，剪去迟秋梢、过密枝条及弱小枝条，控制株高。

4. 病虫害防治

木槿生长期病虫害较少，主要易受蚜虫、天牛、蚂蚁等危害，其中鲜食木槿花要预防的是蚂蚁，防治好蚂蚁是关键，应定期检查枝叶，注意早期防治，采用高效低毒农药，避免在采花期用药。木槿在大面积栽培时易发生枝枯病，可用石硫合剂防治。

5. 采收

木槿花期很长，浙西南地区主要以露地种植为主，花期一般从6月到10月底，可长达5个月。如果采用大棚种植，可以提早至4月就可开花上市。花朵采收宜在早晨进行，一般在10:00前采收半开放的花朵。木槿花可鲜食，亦可干制。

二十六、薤白驯化栽培技术

薤白有独特香味，是中国南方特有的香辛类蔬菜，多被当成作料。薤白的嫩叶及鳞茎均可食用，其鳞茎的腌制品市场需求较大，在浙江丽水等地主要生长于海拔200 ～ 850米的田间。薤白的适应能力强，是蔬菜中最耐旱的作物之一，最适生长温度为16 ～ 21℃，夏季遇高温进入休眠期。耐低温性好，能在露地种植安全越冬。

1. 整地施基肥

薤白适合种植在排水良好、透气性良好、保水保肥能力强、疏松的沙质壤土中，且对土壤耕作要求比其他作物高。耕作前要施足底肥，一般每亩施有机肥600～1 000千克，氮磷钾复合肥20～25千克，过磷酸钙50千克，以促进根系发育及鳞茎膨大和分蘖。深耕30厘米，整细耙平，确保四周排水沟畅通，以减少病虫害的发生。

2. 移栽定植

（1）移栽定植时间。一般移栽时间为9月中旬至10月下旬。定植过早，地温高、降水多，易造成烂种；定植过迟，则生长期短，产量不高。

（2）做畦。要求畦宽100～120厘米，畦高20厘米，沟宽30厘米，然后畦面整细平，确保土壤保持湿润。

（3）定植。移栽时按照行距20～25厘米，在畦面上开定植沟，沟深10～12厘米，沟内依次按照株距10～15厘米放置1～2株。定植时芽头要朝上，然后覆一层薄土，以盖住薤白假茎为宜，深度不宜过浅，过浅容易使鳞茎失去白色而泛绿色，降低品质。

3. 田间管理

（1）施肥。在生长过程中，薤白一般需追肥2～3次。第1次追肥在12月中旬至翌年1月下旬，当薤白有1～2个分蘖时，结合中耕除草，每亩施沼液800～1 000千克或尿素10～15千克，使薤白保持充足的养分安全越冬。第2次追肥在翌年2月底至3月初，此时气温开始回升，薤白进入旺盛生长期和鳞茎形成期，需肥量大，须加大施肥量，一般每亩施氮磷钾复合肥20～30千克。第3次追肥进入4月，也是采收前最后一次施肥，可追施钾肥。

（2）中耕除草。薤白的鳞茎、根系大部分分布在土壤0～15厘米深度范围内，表层土壤状况直接影响薤白的鳞茎、根系的生长。追肥前应进行中耕除草，使土壤疏松，以利分蘖。一般结合施肥中耕除草2～3次，具体视薤白田间生长、土壤及杂草滋生情况确定中耕次数。

温馨提示

除草时不要损伤薤白的鳞茎、根系，同时也要防止因雨水冲刷使鳞茎出土而变绿。

（3）水分管理。薤白的根系不发达，吸水能力较弱，要根据土壤情况进行灌溉，可结合追肥浇水，以保持土壤湿润。遇梅雨季节、暴雨等不良天气时，要特别注意开沟排水，不积水，防止地下根系和茎腐烂。

4. 病虫害防治

薤白抗逆性强，做好农业防治可减少病虫害发生。如采取深沟高畦、及时中耕除草、合理密植、清除田园病残体、排水通畅等农业技术措施。薤白的主要病害有茎腐病、霜霉病、紫斑病等，可用百菌清或代森锌等防治；常见的虫害有蓟马、蚜虫、韭蛆等，可用速灭杀丁或辛硫磷等防治。

5. 采收

薤白的地下部分一年12个月随时可以采收食用，以加工为目的的可于6月收获，过早采收则水分多，易烂，采收过迟容易形成多心，影响其腌制品质。6月薤白的地上部半枯，鳞茎充分成熟停止膨大，可以全部收获。采收选择晴天进行，收获期约20天。采收时大的鳞茎作为商品，小鳞茎作为种苗留用，可以留在地里适当迟收。

二十七、野薄荷驯化栽培技术

野薄荷为唇形科薄荷属多年生宿根性草本植物，分布较广，适应性强，茎、叶营养丰富，含蛋白质及多种维生素和微量元素，具有特殊芳香气味，其嫩茎叶可生食、凉拌或炒菜，味道清凉爽口，具有清热解毒的功效，越来越受大众青睐，是一种开发前景很好的野菜。野薄荷喜温暖湿润的生长环境，生长适温为20～30℃。根茎在早春5～6℃时开始萌发，耐低温能力较强，在0～3℃条件下可安全越冬。

1. 选地与整地

（1）地块选择。野薄荷对土壤的要求不是十分严格，一般土壤均能种植，土壤酸碱度以pH 6～7.5为宜。但是野薄荷忌连作，每3年要进行一次轮作。以高产高质为目标的人工栽培应选择种植条件良好的地块，一般要求地势平坦、土层深厚、疏松肥沃、富含有机质的壤土或半沙壤土。

（2）整地施基肥。结合整地，施足基肥，每亩施腐熟有机肥1 000～1 500千克或商品有机肥1 000千克，氮磷钾复合肥20～30千克。整地后做畦，畦宽120厘米，沟宽30厘米。

2. 种苗准备

（1）利用根茎育苗。一般当年秋季10月中下旬种植为宜，做好育苗床，起挖根茎，按行距24～25厘米、沟深6～10厘米在畦面上开沟，将根茎剪成长6～10厘米小段放入沟内，株距15～20厘米，每亩需根茎100～150千克，然后覆土浇水。

（2）扦枝分株育苗。3月至4月上旬，选择无病地上茎，切成12～15厘米长的扦枝，按行株距10厘米×10厘米将扦枝的1/2插入土中。也可以选取粗壮、节间短、色白和无病虫害的母株根状匍匐茎，将茎分节切成6～10厘米长，按行株距45厘米×20厘米，采用沟栽或穴栽扦插，然后覆土3厘米左右厚，经15～20天萌发。

（3）播种。一般在3月下旬至4月，做畦开浅沟，播种时将种子和少量细土或草木灰或细沙混匀，均匀撒入沟内，然后覆土1～2厘米厚，播后浇水，可以盖地膜或稻草或其他秸秆保温保湿，2～3周即可出苗。

3. 定植

（1）直接采挖野薄荷定植。如果前一年未育苗或没有种子，可以从野外收集野生薄荷作为种苗种植，采种时间一般在春季3—4月。野外挖取后，选取健康无病的植株，小株可直接定植，大株可以剪成若干小株再定植。

（2）育苗定植。育苗定植在2—3月进行。挖取通过根茎繁殖的种株，以根茎粗壮、节间短的为佳，然后将根茎剪成8～10厘米长。按行距25厘米、沟深8厘米开沟，株距在15厘米左右，定植后覆土，浇透定根水。

4. 田间管理

（1）中耕除草。定植后，当苗长到10厘米高时，进行第1次中耕除草，在植株封行前进行第2次中耕除草。前两次视植株生长状况以浅耕为主，以后视田间杂草情况进行中耕，可以适当深耕，保证植株通风透光。

（2）肥水管理。由于野薄荷为多年生，前期施足底肥非常关键，后期追肥也是保证高产优质的重要技术措施。在苗长到10～15厘米高时，可以结合第1次中耕除草追肥1次，每亩施尿素15～20千克，以后视野薄荷生长情况浇水和追肥。

野薄荷生长前期，水分需求较大，所以一般每15天需要浇1次水。在其他生长期间，要保持土壤湿润，以小水勤浇为宜。如遇梅雨、台风、暴雨等特殊天气，要做好排灌，及时排除田间积水，以防根茎窒息缺氧死亡。

（3）摘心。在田间植株较小时，摘除主茎顶芽，促进侧芽生长。摘心时以摘掉顶端两对幼叶为宜。

温馨提示

野薄荷摘心也要根据实际情况进行，高密度种植田块可以不摘心，而密度小或长势较弱的田块需摘心，以促进侧枝生长。摘心宜在晴天中午进行。

5. 病虫害防治

（1）锈病。在连续阴雨或过分干旱及肥力不足情况下易发生锈病。发病初期，植株中下部叶片背面有黄褐色斑点突起，然后叶片正面出现相应的黄褐色斑点。危害严重时，叶片背面斑点密布，叶片反卷，以致全株枯死。可用三唑酮或多菌灵兑水喷雾防治。

（2）斑枯病。一般在5—10月发生，主要危害叶部，发病初期，及时摘除病叶烧毁，可控制该病蔓延。采用药剂防治，发病初期可喷施代森锌或百菌清防治，每周1次即可控制。

（3）小地老虎。主要危害幼苗，可用氰戊·杀螟松兑水喷洒根际。

6. 采收

菜用野薄荷可以种植1季连续2～3年采收，一般在主茎高20厘米左右时，开始采摘嫩茎叶。浙西南地区在3月下旬至12月均可采摘，海拔600米以上山区采摘时间略短，以气候适宜的4—8月产量最高、品质最佳。采收一次后可以隔15～20天后继续采收。

二十八、庐山风毛菊驯化栽培技术

庐山风毛菊一般生长于海拔800米以上的山地林下、疏林地、火烧垦荒地等。每年4月下旬至5月，当地居民常采收野生的庐山风毛菊嫩茎叶，用开水焯过后，放在清水中浸一段时间供炒食、做汤菜，或晒干后供食用。因为庐山风毛菊营养丰富、食用安全，并具药用保健功效，成为当地农民餐桌上颇受青睐的菜肴。随着人们对庐山风毛菊食药保健功效的认识，市场开发利用前景初显。为了更好地实现对庐山风毛菊的资源保护和开发利用，笔者对浙江丽水一带庐山风毛菊的生物学特性进行了鉴定评价，并开展了人工驯化栽培探索，现将主要栽培技术初步总结如下。

1. 地块选择

根据庐山风毛菊不耐高温、喜阴的特征特性，浙西南丽水等地山区人工栽培一般宜选择在海拔800米以上，开发利用郁闭度在40%左右的疏林地、林缘用地或荒山空地；栽培地块的土壤要求土层疏松深厚、中性或偏微酸性；水源充足，排灌方便。

2. 施基肥，整地做畦

结合翻耕，施足基肥，一般每亩施有机肥500～800千克、氮磷钾复合肥10～15千克，在翻耕前撒施于种植田块。由于浙西南山区多属梯田山地，田块不整齐，为减少人工成本，翻耕时可选择小型微耕机等耕作机械。宜做深沟高畦，畦宽连沟1.2～1.3米，沟宽0.2～0.3米，畦高20厘米以上；栽培畦做成龟背形，作为育苗床的畦面尽量做平，便于播种均匀。

3. 播种

因庐山风毛菊种子偏小，种子千粒重仅为25～30毫克，为提高出苗率，播种前要进行种子处理，然后进行集中直播育苗或穴盘育苗。

（1）种子处理。播种前，用50～55℃的温水浸种15分钟，然后在常温水中浸泡24小时，每12小时更换一次水。浸泡完成后，可以放置在25～30℃的恒温条件下进行催芽，催芽要保持恒温高湿。催芽后将种子与细沙按照1∶4混合，待播种。

（2）直播育苗。畦耙平后，将种子均匀地撒播于畦内，以每平方厘米可见1粒种子为宜，每平方米用种量5～10克，不能过密或过稀，太密不利于出苗和移苗，过稀则浪费苗床。撒播后均匀覆盖细土1～2厘米厚，浇足底水，然后盖上一层薄膜保温保湿，避免表层土风干失水，以利于种子萌发和幼苗出土。

（3）苗期管理。播种5～7天后，定期观察出苗情况，待30%～50%破土出苗时，掀掉薄膜。视苗床土壤干湿情况补充水分，若土壤干燥则均匀少量洒水，结合补充水分拔除杂草。待苗出齐后，要根据土壤墒情定期浇水，保持土壤湿润。

4. 移栽定植

（1）播种育苗定植。春季种植，一般在播种后30～45天，4月下旬幼苗有2片叶时开始进行移栽定植。移栽行距45～50厘米，株距40～45厘米，一般亩栽植3 000～3 500株。

（2）野生苗移栽定植。也可以通过挖取野生植株作为种苗定植。海拔800米以上的林下，在4月前后野生植株出苗后，挖取有2片叶、株高25厘米以下的植株作为种苗。挖取时尽量保持根系完整，适当带土，然后定植于事先已经整好的地块中。

5. 田间管理

（1）水肥管理。由于定植前施足了底肥，一般苗期至快速生长期不施肥，视生长情况追施，可追施尿素1～2次，每次每亩追施10～15千克。采收后一般追施1次肥，追肥时可结合浇水，利用滴灌带或喷灌进行，每亩施尿素10～15千克。生长后期一般每15～20天追肥1次，可视生长情况施肥，施肥量与第1次追肥相同。

温馨提示

水分过多容易发生叶片病害，应当预防苗期叶片病害发生。

（2）中耕除草。定植后，由于叶片较小，生长较弱，需要结合肥水管理进行中耕除草，一般采收前中耕除草1～2次。

6. 采收和食用

一般从3月开始可陆续采收上市，食用部位主要为叶片（包括茎），当叶片长25～30厘米时，便可开始依次采收，采收的标准是叶片鲜嫩、嫩绿、不老化，采收时去掉黄叶和老叶，用刀距根茎3厘米左右割取，一般可收鲜嫩茎叶3～4茬，扎成小捆，上市出售。鲜嫩茎叶焯水后可炒食、做汤、炖土豆或肉类等。

7. 留种采收

进入5月中下旬，植株生长快，并转向生殖生长，此时叶片开始增厚变老，如果作为留种收种，则需继续加强肥水管理，同时避免田间杂草过多影响植株开花结果。在开花前可追施1次肥，每亩可追施氮磷钾复合肥15～20千克，促进提早开花结果，以提高结果率。当气温下降不利于庐山风毛菊生长时，不管种子是否成熟都要进行采收。

二十九、鸭儿芹驯化栽培技术

鸭儿芹以嫩苗和嫩茎叶作为蔬菜食用。浙西南地区有关科研人员10余年前就开始了鸭儿芹人工栽培研究，经过多年试验总结，已经初步形成林下周年仿生栽培技术。

1. 种植基地选择

鸭儿芹喜冷凉、耐寒、不耐高温干旱，如果在生长期内遇连续高温天气，地上部分的茎叶易老化，影响鸭儿芹的商品性和食用品质。在浙西南山区如进行人工种植，首选土壤肥沃疏松、有机质丰富、保肥保水能力好、交通方便、排水便利的地块。

2. 播种育苗

浙西南地区3月上中旬春播，9月秋播。野生鸭儿芹种子休眠期长，播种前浸种消毒后应先对其进行冷藏处理，打破休眠。将浸种消毒后的种子洗净，置于5～7℃条件下冷藏20天，其间每隔5～7天清洗种子1次。然后进行催芽消毒：先晒种4～5小时，然后用清水浸种24小时，浸种时清除浮在水上面的杂物、瘪籽，捞出晾干后，用多菌灵浸泡10分钟进行消毒，然后在15～20℃条件下催芽，待70%种子露白时播种。播种时苗床要浇透底水，将种子与细沙混匀，按行距4～5厘米进行条播，播后用细土盖种。

温馨提示

春播要盖小拱棚，一般待秧苗3～4片叶、株高6～8厘米时定植。

3. 整地施基肥

人工种植时宜选择土壤有机质含量多、保肥能力强、土层深厚、无污染的地块或林区内，土壤pH 6～7为宜。定植前要结合翻地施足基肥，翻耕深度20～25厘米，同时亩施腐熟优质有机肥1 000～1 500千克，磷酸二氢铵15千克或氮磷钾复合肥20～30千克，然后耙平做畦，畦宽80～100厘米，沟宽30

厘米，畦高20厘米以上。

4. 定植

（1）分株采挖。连根挖取野外生长健壮的健康苗作为种苗，去除病叶病株，剪除基部5厘米以上的枝叶。

（2）定植密度。低海拔区域一般在3月，高山地区可以在4月初至5月中旬定植。定植宜选择晴天上午进行。当苗高5～6厘米时，实行高密度定植，按行株距12厘米×10厘米、每穴3株进行定植。定植后要浇透水，并注意保持合适温度，以利于鸭儿芹的存活和生长。

5. 田间管理

（1）肥水管理。定植10～15天后，施用速效氮肥进行第1次追肥。每次采收后视情况追肥1次，结合追肥定期浇水，保证土壤湿润。遇梅雨、暴雨等连续雨水天气要做好排水，确保排水通畅不积水。

（2）中耕除草。在植株封行前，进行1～3次中耕除草。在整个鸭儿芹种植期间，视杂草情况进行除草，及时清理沟边的杂草。

（3）清理茎基部。在鸭儿芹生长的中后期，为保证后期产量及品质，要及时清除茎基部的黄化叶片和老化枝叶，拔除无效或有病植株。

6. 病虫害防治

（1）主要病害。鸭儿芹病害主要有猝倒病、根腐病、菌核病等。猝倒病、根腐病可选用甲霜·噁霉灵或噁霜·锰锌兑水浇淋根茎部防治。菌核病属高湿低温病害，发病时可用异菌脲或菌核净等防治。

（2）虫害。鸭儿芹虫害主要有蚜虫、蓟马、白粉虱等。蚜虫可悬挂黄板诱杀；蓟马可悬挂蓝板进行物理诱杀，也可用吡虫啉或阿维菌素进行药剂防治。

7. 采收

根据上市需求采收鸭儿芹嫩茎叶，春季株高35～40厘米，夏季高温季节株高20～25厘米，茎叶鲜绿色时即可采收。采收时从距地面2～3厘米处平割，不可伤到生长点，除去杂质、黄叶、老叶。一般每隔1个月可采收1次，每次每亩产量可达1 000～1 500千克。分枝期后进入花芽分化时期，不宜采收。如来不及上市可储存于1～3℃冷库内，能保鲜6周品质不变，也可制成冻干品运输和销售。

三十、野茼蒿驯化栽培技术

野茼蒿是最为常见的野菜之一，以较阴湿、土壤肥力尚好的地方生长为好，而在重度积水或易受干旱影响的地方生长不良。其适应性强，对土壤要求较低，适生性、抗逆性、抗寒性和自然繁殖力强，病虫发生与危害较轻。

1. 整地施基肥

播种前结合翻耕，每亩施腐熟农家肥1 000～1 200千克或商品有机肥300～500千克作为基肥，翻耕后做畦，畦连沟宽1.2～1.5米，畦高15厘米以上。做好畦后，若土壤过于干燥，灌水湿润畦面或浇水露干后再播种。

2. 播种出苗

野茼蒿生殖适应能力强，一般3月初可以开始播种，生产上通常采取直播或播种育苗移栽两种方式。如果选择播种育苗，与露地直播比较，可适当提早至2月下旬开始，育苗苗床选择以向阳、土壤疏松、灌溉方便的地块为佳。苗床土要细而碎，保持平整，做成宽1米、与苗床等高的畦，将畦面土拍实，以备播种。因野茼蒿种子小，可以与细沙混匀后播种，播好后浇透水，搭小拱棚以保湿保温。

一般播种后7～9天开始出苗，待苗出齐后，进行第1次人工除草，如果缺苗较多，可以结合除草补播补苗或移苗。当苗长至高4～5厘米时，进行第2次除草，此时根据种苗生长情况间苗，每隔3～5厘米，留壮苗1株。结合间苗进行0.1%尿素水溶液喷雾追施1次叶面肥，以促幼苗生长健壮。

3. 田间管理

（1）移栽定植。如果是直播方式，待苗长至高8～10厘米时，要进行疏苗补苗，每平方米留苗15～20株。如果选择育苗移栽方式，3月底开始移栽，一般在4月上中旬，当苗高8～10厘米时移栽定植。移栽前，要将苗床浇透水，以利带土护根。按行株距30厘米×25厘米挖穴，每穴栽1株，栽后浇定根水，以提高成活率。

（2）中耕除草。人工种植因行株距明显，在封行前，要进行中耕除草，一般根据杂草长势及数量情况，结合施肥，可在5月上中旬、6月上旬和7月上旬各进行1次，每次每亩可追施氮磷钾复合肥20～30千克或尿素10千克。

（3）水肥管理。野茼蒿喜湿润的土壤环境，在整个生育期，应及时做好抗旱管理，遇多雨天气、低洼处积水，应及时开沟排水，并尽可能保持土壤处于湿润状态，为野茼蒿健康生长提供适宜的水分供应。

一般情况下，在施足基肥的基础上，直播栽培间苗后或移栽后7天左右种苗成活，此时浇施1次提苗肥；过20～25天，每亩追施经发酵的饼肥50千克或氮磷钾复合肥30～35千克，结合施肥进行中耕除草，并清除病黄落叶。第1次采收2～3天后或每采收2～3次后，进行1次追肥，每亩追施经发酵的饼肥50千克或三元复合肥30～35千克。

（4）及时摘除花蕾。野茼蒿主要食用部位为叶片，花蕾期会影响野茼蒿的食用价值，也会抑制侧枝生长，从而缩短采收期，降低产量。因此要适当促进其营养生长，尽量控制其生殖生长，在栽培管理过程中，要及时摘除花蕾，保证产品质量。

4. 病虫害防治

野茼蒿因其适生性、抗逆性强，在生产上很少有病虫危害，目前偶有发生的病虫害为叶斑病、卷叶蛾和蚜虫等。但是，在野茼蒿的驯化栽培过程中，其栽培环境发生了变化，野茼蒿在不断地趋向单一，进入产业化人工栽培阶段后，其自然调控性能会下降，病虫害发生有可能加重。

因此，要综合集成应用各种措施进行预防。首先，要选好种植基地，改善生产条件，改良土壤，增施有机肥，控制化肥用量，培肥土壤提高地力。其次，要搞好菜地环境卫生，及时发现清除中心病株，应用色板、性诱剂等物理防控手段。第三，采用化学防治时，一般可喷洒多菌灵或甲基硫菌灵防治叶斑病；在卷叶蛾成虫发生期，利用糖醋液进行诱杀；蚜虫可用吡虫啉兑水喷雾防治。

5. 采收

在野茼蒿移栽定植或出苗25～30天后，当苗长至15～25厘米高时，采收苗基部叶片嫩绿、无病的嫩枝叶。第1次采收以后，每隔8～15天，侧枝长至15～20厘米时，在侧枝基部留1～2个节采摘嫩枝叶。从夏到初秋，一般可采收多次。

三十一、硬毛地笋驯化栽培技术

硬毛地笋宜在无霜期栽培，夏秋采全草，主要食用根上的螺丝状肥大茎块。秋末采收块茎，是腌制佐餐酱菜、泡菜的上等原材料，还可加工成罐头、甜果等，是颇受青睐的新兴食药兼用野菜。硬毛地笋可连作2～3年，其后应换茬种植。植株对光照和气候有一定要求，喜欢温暖湿润环境，不耐高温旱涝，遇霜枯死。宜在土层深厚、肥沃、疏松、富含有机质、排水良好的壤土或沙壤土种植。地下块茎较耐寒，可在土壤耕层越冬。

1. 整地施基肥

宜选择土壤深松肥沃、有机质含量丰富、不易积水的沙壤土地块。整地前施足基肥，一般亩施充分腐熟的农家肥1 500～2 000千克、过磷酸钙30～40千克，土壤黏重或肥力较差的地块可适当增加肥料用量，然后深翻整平，做成连沟宽1.2～1.5米、高20厘米以上的畦，以利排水。

2. 适时移栽

（1）育苗方式。

①块茎繁殖育苗。生产上常用块茎育苗后移栽，操作简单，育苗时间一般在2月底至3月上旬。在冬季至翌年春季萌发前采收的块茎中，挑选大小适中、白色、粗壮及幼嫩的块茎，切成10～15厘米长的小段，经灭菌后晾干，然后

将芽眼向上，按行距25 ～ 35厘米、株距20 ～ 25厘米、深8 ～ 10厘米，直立栽种。每穴栽2 ～ 3段，然后覆盖5 ～ 7厘米厚的细土，稍压后浇水，保持地面见干见湿，雨季要及时排水，防止水涝淹苗。

②种子播种。利用种子播种一般在2月下旬至3月上中旬进行。当气温回升到8℃以上时，选择水肥条件好的土壤作为苗床，苗床大小与栽培畦一致。苗床整细整平后，按行距30厘米开沟条播，然后覆土稍压，一般每亩用种量约20千克。播后保持温度在17 ～ 20℃。

（2）移栽定植。在幼苗长到20厘米左右时即可带土移苗定植，定植行距35 ～ 40厘米、株距25 ～ 30厘米，一般每穴1株，亩栽3 500 ～ 6 000株。定植后，浇透定根水。在实际生产中与玉米等高秆作物间作套种效果好，可充分利用光能，适当遮阴，减少水分蒸发，提高产量。

3. 田间管理

（1）中耕除草。出苗后封行前，要及时中耕除草，在整个生长周期一般中耕除草2 ～ 3次，进入生长旺盛的开花期时，地下匍匐茎生长快速，尽量不除草，以免伤及地下茎。杂草应随时拔除，防止草大压苗。适时进行浅培土，防止块茎露出。

（2）肥水管理。苗高7 ～ 10厘米至开花前，可随浇水追肥1 ～ 2次，每次亩施尿素10 ～ 20千克或人粪尿400 ～ 500千克。5月植株生长旺盛，应结合中耕除草施肥，生长期间要保持土壤湿润，根据土壤墒情进行浇水，浇水最好在每天早、晚进行，遇暴雨等多雨天气时，要做好排水。一般在苗期喷施0.25%磷酸二氢钾1 ～ 2次，后期追施1次，可以促进地下茎增产。当地下茎开始膨大后要追肥，每亩用尿素10 ～ 20千克浇施。

（3）植株调控。出现花蕾后，可适当摘除部分花蕾和顶芽，促进侧枝生长，抑制茎叶生长，控制株高，节约养分，促进地下块茎膨大发育。如遇地上茎叶生长过盛时，可以选用矮壮素兑水喷施，促进地下块茎的发育。

4. 病虫害防治

硬毛地笋主要病害有腐烂病、霜霉病，虫害有红蜘蛛。

农业防治措施主要是冬季清除田间杂草，深翻晒土，连作时加强土壤消毒。

温馨提示

药剂防治时，注意喷药要细致到位，植株叶片正面背面都要均匀喷，喷药时间应选择在傍晚或早上气温低于35℃时。

要及时拔除腐烂病植株，用石灰对病穴进行消毒，发病初期可用甲基硫菌灵防治。霜霉病发病初期可用百菌清或代森锰锌防治。红蜘蛛发生初期可用哒螨灵防治。

5. 采收与留种

9月下旬至12月都可以采收，可根据市场需求在茎叶枯萎后持续采收，也可以在翌年春季块茎萌发前采收。采收时注意保持块茎无机械性损伤，采收后适当除土、分级，块茎大的作为商品上市，大小适中、无伤残、无病虫害的作为种用。也可在采收时把小颗粒块茎留在地里越冬，待翌年萌发新株后，选择壮苗移栽种植。

三十二、紫苏人工驯化栽培技术

紫苏在浙江全省各地均有栽培或野生，主要生于路边、地边及低山疏林下或林缘、旱地。紫苏变种主要有三个：野生紫苏、耳齿紫苏和回回苏，在民间通常根据叶的颜色简单地分为紫苏和白紫苏两种类型。紫苏对气候条件适应性较强，在温暖湿润的环境下生长旺盛，在疏松、肥沃、排灌好的土壤条件中生长最佳，在干燥贫瘠的沙土上生长不良，土壤酸碱度以pH 6左右为佳。种子发芽的适宜温度为22～28℃，植株适宜生长温度为22～30℃，是典型的短日照植物。

1. 整地施基肥

（1）种植地块选择。紫苏人工栽培以高产优质为目的，在浙西南山区栽培时，应选择生态环境好、水质充足清纯、土壤疏松、交通便利的地块为宜。

（2）整地做畦施基肥。紫苏可连作2～3年，栽培前进行翻耕整地，整地前施足底肥，大田基肥以有机肥为主，每亩施腐熟有机肥1 200～1 500千克、氮磷钾复合肥20～30千克。土壤翻耕整细耙平后做畦，畦面宽80～100厘米，畦沟宽30厘米，沟深20厘米以上。

2. 种植方式

（1）种子直播。紫苏种子属深休眠类型，休眠期长达120天，需要快速打破休眠，可以将种子放在3℃以下的条件下5天，并用100毫克/升赤霉素处理促进发芽。直播一般在3月中下旬进行，可在畦内进行条播，按行距25～30厘米开深2～3厘米的沟，种子可以与5倍的细沙混匀后，均匀撒入沟内，播后覆一层薄土；或按行距30～50厘米、株距25～30厘米进行穴播，浅覆土0.5～0.6厘米。播后立刻浇透水，土壤要保持湿润，一般播种量为1千克/亩。其中，直播方式具有省工、生长快、采收早的优势。

（2）撒播育苗移栽。采用育苗移栽的，苗床应选择光照充足、暖和的平整地块，施入适量的农家肥加适量的过磷酸钙。播种前，苗床畦面要先浇透水，播种时可以将种子与细沙混合均匀撒播畦面上，然后覆浅土1～2厘米，保持床面湿润，一般在7～10天开始出苗。当苗高5～6厘米时进行间苗，根据畦面长势适期进行浇水除草。当苗高10～15厘米时定植，定植宜选阴雨天或午后进行。将育苗床浇透水，按行距30～40厘米、株距20～30厘米定植。定植后及时浇水1～2次。

3. 田间管理

（1）间苗补苗。采用条播的育苗方式，应在苗高10～15厘米时，按20～30厘米株距定植。如果是穴播的，每穴留苗2～3株，如有缺株应及时补上。撒播育苗移栽的，定植后7天左右及时补种。

（2）中耕除草。直播后容易滋生杂草，因此要在植株封行前做好中耕除草。如遇黏性易板结的土壤，应及时松土培土，但松土不宜过深，以防伤根，也可将中耕与施肥培土结合进行。

（3）肥水管理。紫苏生长势较旺，一般在幼苗和花期需水较多，平时根据实际情况保持土壤湿润，遇到高温干旱时，应及时浇水，梅雨、台风、暴雨等雨水天气应注意排涝，以免烂根而死。

紫苏移栽成活后要及时追肥，前期可以施1次尿素氮肥，每亩15～20千克。进入5—6月生长旺盛期后，所需养分增多，可以追施2～3次肥，每亩施用氮磷钾复合肥25～35千克。

（4）摘心管理。紫苏的分枝能力较强，平均每株分枝可达25～30个，叶片可达300～400片，花可达3 500朵之多。在浙西南区域以采收嫩茎叶为主，可摘除已经进行花芽分化的顶端，促进营养生长，保障茎叶生长旺盛，延长采收期，提高产量。

4. 病虫害防治

紫苏生长过程中病虫害较少，主要病害有斑枯病、锈病、白粉病等，主要虫害有蚜虫等。

（1）斑枯病。斑枯病发病初期叶面出现褐色或黑色小斑点，后扩大成大病斑，干枯后形成孔洞，叶片脱落。物理防治上，可通过整枝定期采收，改善通风透光条件，防止积水高湿，降低田间湿度。化学防治上，可在发病初期喷施代森锌，每7～10天喷1次，连喷2～3次，收获前10天停止喷药。

（2）锈病。叶片发病时，由下而上在叶背面出现黄褐色斑点，后扩大至全株。后期病斑破裂散出橙黄色或锈色的粉末，发病部位长出黑色粉末状物，严重时叶片枯黄脱落造成绝收。物理防治上，可通过控制排水防积水，改善通风透光条件。化学防治上，可在发病时用三唑酮喷施。

（3）蚜虫。可用吡虫啉兑水喷雾防治，也可用洗衣粉+尿素+水的混合液，按照1∶4∶100的比例混合进行喷雾防治。

5. 采收

紫苏的采收期因用途不同而异，栽苗40～50天后，当叶片直径长至5厘米左右时，开始陆续采收叶片，在6月中旬、7月下旬至8月上旬形成两个采收高峰期，在此期间平均每3～4天采摘1对叶片，高峰期后每6～7天采收1对叶片，一般至9月上旬采收结束。如果管理得当，每株可分期采收叶片20～22对，产量可达1 000千克以上。

Chapter 4

第四章 野菜的食用

第一节 采食野菜注意事项

野菜大都生长在山野丛林间，吸收新鲜空气、天地雨露，没有农药化肥的污染，属于纯天然的食材。野菜富含蛋白质、碳水化合物、维生素以及膳食纤维等人体所需的营养成分，是人们餐桌上的一道美味，深受人们的喜爱。但由于野菜生长在野外，受生长环境影响很大，并且不同野菜所含的成分特性不同，大部分野菜都含药用成分，所以采摘野菜时，要特别注意野菜生长的环境是否被污染，食用野菜时，也要根据个人的健康状况选择适宜的种类、数量或食用方法。

一、采摘野菜注意事项

自然环境生长的野菜品种繁多，由于生长环境复杂多变，到野外采摘野菜时，首先要对采摘的野菜进行识别，有一些野菜长得非常相似，要注意区别，以免采错。其次是对其生长的环境进行了解和评估，选择空气洁静、水土没有污染的环境去采摘，受到工业污染、农业面源污染、人类生活污染和养殖场污染的地方不要去采摘。例如：有污染的厂区、矿区、污水沟渠、垃圾填埋场等，这些地方周边的土壤和空气有可能已受污染，进而污染生长的植物，最好不要去采摘；农田、菜地等农作物种植地带周边的野菜，以及果园、茶园中的野菜尽量不要采摘，这些地块有可能受到喷施农药、除草剂等污染；靠近公路、乡间道路两边的野菜也尽量不要采摘，由于道路维护会喷除草剂，以及来往车辆排放尾气而污染野菜。另外，现在人工种植的野菜，没经得同意不要去采摘，在有作物种植的地里采摘野菜要注意保护所种植的作物。

二、食用野菜注意事项

野菜虽营养成分高，风味独特，受人喜爱，但有些野菜除食用价值外，还有药用价值或含毒性成分，所以食用野菜需要根据自身条件选择适宜的种类或食用量，也要根据不同的野菜选择正确的食用方法，否则会适得其反，对身体不利。一是烹饪野菜要根据其特点选择不同的烹调方法。有许多野菜具有毒性，要经过特殊处理后才能食用。二是保持食材的新鲜，野菜采收后要注意保存，久放的野菜不能吃。三是要根据野菜特性掌握好烹调时间，避免营养成分损失。四是多数叶菜类野菜性凉致寒不可多食，否则易造成脾寒胃虚或损伤脾胃等。五是有许多野菜是有毒性的，不认识（或没法辨别）的野菜不要食用，以免中毒。六是受污染的野菜不要食用。

第二节　常见野菜食用方法

一、冬寒菜（冬葵）

1. 营养价值和药用价值

冬寒菜口感滑利、柔嫩清香，胡萝卜素、维生素C和钙含量都很高，可以促进食欲，提高人体免疫力，具有很高的营养价值。同时冬寒菜性味甘寒，具有清热排毒、滑肠等功效。

2. 食用方法

（1）直接炒食。冬寒菜除去杂质及洗净后，可以像普通青菜一样直接炒食。

（2）冬寒菜炒鸡蛋。将焯熟后的冬寒菜控干水分切碎，热油锅中倒入打好的鸡蛋液，煎至定型后捣碎，再加入备好的冬寒菜、适量食用盐，翻炒2分钟，淋少许出锅油，少许味精调味即可。

（3）冬寒菜干。制干方法和干吃法参考败酱。

（4）其他吃法。蒜泥冬寒菜（参考败酱吃法），也可以做成饺子馅。

温馨提示

冬寒菜性寒，脾虚便溏、腹泻者以及孕妇慎食。

二、豆腐柴

1. 营养价值和药用价值

豆腐柴叶和嫩枝含有大量的果胶、蛋白质和纤维素，还含有丰富的矿质元素。果胶提取后常用于果酱、果冻、软糖的胶凝剂，以及饮料和冰激凌的稳定剂与增稠剂。其根、茎、叶可入药，具有清热解毒、消肿止痛、收敛止血等功效，可治痢疾，外用治烧伤、淋巴结炎、毒蛇咬伤等症。浙江丽水、温州等地民间使用豆腐柴叶制成“神仙豆腐”“绿豆腐”，是盛夏防暑降温的佳品，是纯真的自然绿色食品。

2. 食用方法

（1）绿豆腐制作。选择新鲜无病斑、无虫伤害的豆腐柴叶，洗净后放在容器中，用沸水浸烫至叶片熟化，再进行反复揉搓，直至将叶片内的汁液尽数搓出（也可以用榨汁机榨出汁液），然后用细纱布将汁液过滤几次，将叶渣过滤干净，此时汁液较为浓稠，可加入叶片重量5～6倍的清水，然后放入适量草木灰水（干净的草木灰用开水冲泡后过滤出来的棕黄色液体）或适量钙片（钙片需用水化开，加入量以达到汁液凝固为准，一般250克豆腐柴叶约2粒钙片）作为凝固剂，边加入凝固剂边搅拌至凝固，静置30分钟左右，形成一种鲜嫩绿色、形似豆腐状的固体，即为绿豆腐。

（2）绿豆腐汤。锅中加入适量食用油，加少许生姜、蒜末煸香，加些切碎的咸菜翻炒一会，再加入清水烧开，将切好的绿豆腐放入油汤中继续烧开后调味即可出锅。

（3）凉拌绿豆腐。先将绿豆腐切成小块后盛于盘中，再根据自身喜好淋上调好的酱汁即可（酱汁调配：青辣椒、红辣椒、生姜以及大蒜切末，香菜切段，取适量香油、生抽、老抽、味精等调料混合拌匀）。

温馨提示

一般人都能食用豆腐柴。

三、黄花菜

1. 营养价值和药用价值

黄花菜是人们喜吃的一种传统蔬菜。其花瓣肥厚，色泽金黄，香味浓郁，食之清香、鲜嫩、爽滑，其中含有丰富的胡萝卜素、蛋白质、脂肪、碳水化合物以及钙、磷等营养成分。黄花菜、木耳、香菇和玉兰片称为干菜的“四大金刚”，被视作“席上珍品”，对人体健康，特别是对胎儿发育甚为有益，因此，可作为孕妇、产妇的必备食品。同时可以促进大便排泄、防治肠道癌以及抑制癌细胞生长。

2. 食用方法

（1）鲜食。先将新鲜黄花菜在开水中焯熟，再放入冷水中冷却后捞起，沥干表面水分后切成段备用。

①凉拌黄花菜。将备好的黄花菜搭配少量豆腐干丝、胡萝卜丝、蒜末、香菜段等，再加入适量食用香油、食盐、味精、生抽等调料拌匀即可。

②黄花菜炒肉丝。热油锅中加入备好的肉丝炒熟，加入少许切好的生姜、大蒜煸香，再加入新鲜黄花菜继续翻炒1分钟，之后加入少许酱油、料酒焖至入味即可。

（2）黄花菜干。新鲜黄花菜洗净后，在沸水中焯熟，再通过晾晒或烘干制成黄花菜干（金针菜），制成的黄花菜干方便储存、运输。

①鸡蛋笋衣汤（或羹）。先用冷水分别将黄花菜干和笋衣干发制复水，稍微切成黄花菜段和笋衣片备用。热锅中加油并放入生姜丝煸炒出香味，先加入笋衣片炒至七分熟后再加入备好的黄花菜段，加入适量的食盐翻炒几下后加入适量的清水，烧开至笋衣和黄花菜熟后，再加入备好的鸡蛋液烧开调味即可。

②黄花菜烧排骨（或炒肉片、丝等）。热锅中加入少量食用油和猪排骨翻炒至排骨变色，加入备好的生姜粒、大蒜粒和适量食用盐、老抽、生抽和料酒翻炒出香味，再加清水至没过排骨，开大火将水烧开转小火焖烧至排骨完全熟并收完大部分汤汁，再加入备好的黄花菜翻炒均匀，之后加入少许料酒小火焖烧半分钟后调味即可。

③黄花菜炒肉丝（肉片）。锅内油五分热时，下备好的肉丝（肉片）滑炒，盛出。热油葱姜炝锅，将备好的黄花菜倒入翻炒，加盐和适量白糖，再加入辣椒丝和肉丝（肉片），快速翻炒，最后加鸡精调味即可，味道特别鲜美。

同时黄花菜也可以搭配黑木耳、香菇等一起烧。

温馨提示

新鲜黄花菜中含有秋水仙碱，可造成胃肠道中毒症状，故不能直接生食。

四、鹅肠菜（鸡肠繁缕）

1. 营养价值和药用价值

鹅肠菜含有蛋白质、膳食纤维、糖类、脂肪、胡萝卜素、维生素等。其中每100克可食部分中含胡萝卜素3.09毫克、维生素C 98毫克，维生素B_2 0.36毫克。在野菜家族中鹅肠菜是营养价值较高的一种，每到春季，人们会采其嫩梢嫩叶做成美味汤羹或者鹅肠菜粥。鹅肠菜也可入药，据《云南中草药》记载：鹅肠菜“清热、舒筋。治大叶肺炎、高血压、月经不调”。据《陕西中草药》记载：鹅肠菜“清热解毒，活血祛瘀。治痈疽、牙痛、痔疮肿痛、痢疾”。现代药理学研究表明，繁缕属植物的化学成分以环肽类、生物碱、黄酮、甾醇、挥发油类为主，其中环肽类成分有抗白血病的作用，生物碱有抗肿瘤的作用等。繁缕中的三萜皂苷能通过降低血清胆甾醇浓度，使主动脉类脂质含量降低从而产生降血脂的作用，这也证实了民间所说繁缕具有减脂瘦身的功效。

2. 食用方法

鹅肠菜一般是在初春时节赶在花盛开的时候采摘其幼苗或嫩叶，去除杂草，清洗干净后用沸水焯熟，再用于凉拌、清炒，或做糊汤、做饺子馅等均可，吃起来别有一番风味。

（1）清炒鹅肠菜。洗净焯水后的鹅肠菜过冷水冷却切段，热锅中加入食用油（用猪油更好），放入蒜粒煸香后再放入鹅肠菜爆炒2～3分钟，然后再加入适量食用盐、鸡精等调味即可。

（2）凉拌鹅肠菜。鹅肠菜用沸水焯熟，过凉水冷却后晾干表面水分，切成小段备用，将辣椒、大蒜、葱切碎，加入香油、香醋、白糖、生抽、蚝油、鸡精等调成酱汁淋于备好的鹅肠菜上拌匀即可（凉拌鹅肠菜中也可以加入香干、豆腐干丝或丁等）。

（3）鹅肠菜糊汤。鹅肠菜洗净切碎备用（也可以先经过焯水），再准备适量的猪瘦肉（切成肉末）、冬笋和胡萝卜（切丁）、香菇（切丝或丁）等。热锅加入猪油适量，加入备好的大蒜、生姜粒煸香，放入肉末、冬笋、胡萝卜、香菇以及适量食用盐翻炒出香味后加入适量清水，大火煮开3～5分钟至熟后，加入备好的鹅肠菜再煮开1分钟，最后淀粉勾芡、调味即可。

另外，鹅肠菜切碎与猪肉搭配做成饺子馅，风味也非常独特。

温馨提示

鹅肠菜不能生食，容易拉肚子。孕妇忌食鹅肠菜。产妇如果得了乳腺炎，可以吃点鹅肠菜来帮助消炎、通乳，但炎症消除后就不建议食用了。

五、鱼腥草（蕺菜）

1. 营养价值和药用价值

鱼腥草是一种药食同源的食材。新鲜鱼腥草含有人体所需的多种蛋白质、碳水化合物、少量脂肪以及钙、磷、钾等矿质元素。鱼腥草具有清热解毒、化痰排脓消痈、利尿消肿通淋等保健功效。

2. 食用方法

（1）凉拌鱼腥草。采摘鲜嫩的鱼腥草根和茎洗净后控干表面水分并切成段，加入少量食用盐腌制10～15分钟，然后加入生姜丝、蒜泥、青红辣椒，淋上适量香油，加入鸡精、香醋、辣油、蚝油等充分拌匀即可食用（也可以加入一些豆腐干丝和焯熟的豆芽、芹菜等凉拌，清香可口）。

（2）炖鱼腥草汤。根茎处理干净后，可以和排骨汤、炖肉汤一起炖，味道鲜美，还有治疗咳嗽的功效。

（3）鱼腥草干。鱼腥草嫩茎叶洗净控水后，晒干（食用前需复水）或腌制后（焯水后，置阴凉通风处晾至半干，再加入适量食盐腌制4～5小时即可切碎烹饪或装袋放入冷柜保存）切碎备用，热锅中加食用油和备好的鱼干（或虾米、海鲜干等均可）煎炒出香味后，加入生姜丝、蒜末继续炒香，再加入备好的鱼腥草、青红辣椒粒等翻炒一会，之后加入料酒、少量酱油、少许开水，盖上锅盖焖1分钟入味收干即可（出锅前可以淋点出锅油）。这是一道地道的特色菜。

温馨提示

虚寒证或阴性外疡者慎食鱼腥草，体虚、脾胃虚寒者少食。

六、荠菜（荠）

1. 营养价值和药用价值

荠菜营养比较丰富，含有蛋白质、脂肪、粗纤维、胡萝卜素、多种维生素和人体所需的矿质元素，是人们喜欢采食的常见野菜之一。每100克鲜茎叶中含蛋白质2.9克、脂肪0.4克、粗纤维2.2克、糖类4.3克、胡萝卜素1.77毫克、维生素B_1 0.06毫克、维生素B_2 0.14毫克、维生素PP 0.3毫克、维生素C 41毫克、维生素E 0.57毫克、钾328毫克、钙425毫克、铁4.7毫克、锌0.6毫克、磷62毫克。还含有胆碱、乙胆碱、荠菜酸、黄酮类等成分。荠菜以全草入药，具有凉血止血、清热利尿的功效。

2. 食用方法

（1）馅料。荠菜清理洗净后，切碎（或切成小段），搭配剁好的猪肉、香菇丁等食材，加入适量食盐、味精、酱油等调味料拌匀制成水饺、包子、馅饼的馅料。

（2）凉拌荠菜。荠菜焯水后控干水分，切成小段，搭配五香干（切丝或丁）、煎鸡蛋、饼丝等食材，然后加入食盐、味精、酱油、香油等调味料制作成凉拌菜。

（3）做家常菜。荠菜切碎（或切段）后，热锅中加入适量食用油，先倒入打好的鸡蛋稍煎成型后，加入备好的荠菜，继续翻炒1分钟左右即可调味出锅（同样方法也可以做荠菜炒肉丝）。可以与嫩豆腐丁、香菇丁搭配做成荠菜豆腐汤（出锅前稍加点甘薯淀粉，味道更佳）。

（4）腌制食用。将荠菜洗净控水后，用盐在密封缸腌制后食用（可切段也可以整株腌制，腌制方法可参考白菜腌制法），腌制的荠菜可根据自身喜好烹饪。

（5）制成荠菜干。如果荠菜采收量大，选晴好天气，将荠菜焯水，沥干水分后晒制成干（有烘干设备，烘制成荠菜干会保持翠绿色，比晒制品相更好）延长保存时间，食用时复水后切段，可炒肉片、烧排骨、炖猪脚等。

荠菜也是冬天火锅的绝佳烫菜。

温馨提示

1. 生长在工业区周围、汽车经常通过的道路两旁的荠菜，不宜采摘食用。
2. 一般人群可以食用荠菜。但是虚寒体质、肾功能不全者要尽量少食。

七、菊芋

1. 营养价值和药用价值

菊芋是一种营养价值很高的植物，它的块茎中含有丰富的淀粉、蛋白质、碳水化合物和果糖多聚物，其质地细脆，风味独特，甜脆可口，并且有清热、凉血、消肿的药用价值，是一种良好的保健蔬菜。

2. 食用方法

（1）鲜炒菊芋。菊芋洗净后切片或切丝，稍用盐腌制3～5分钟，再用冷水冲洗捞出备用，锅中炒熟肉片（或肉丝）后加入准备好的菊芋翻炒1分钟左右即可。菊芋还可以和排骨一起煲汤。

（2）腌制菊芋。菊芋洗净放在通风阴凉处阴干表面水分，加入食用盐、生姜、青红辣椒等食材充分搅拌均匀，装入密封瓶中腌制1周后即可以食用。

（3）酱制菊芋。菊芋洗净后放在通风阴凉处阴至半干，放入锅中加入清水至没过菊芋，大火煮开转小火慢煮至熟，加适量食盐继续煮透，然后收汁呈一定的浓汤后关火放凉即可以食用，或者放进容器中，压实煮好的菊芋，再加进浓汤没过菊芋后密封保存食用。

另外，菊芋由于淀粉含量高，可以酿成菊芋酒。

温馨提示

一般人群可以食用菊芋。

八、蕨菜（蕨）

1. 营养价值和药用价值

蕨菜嫩叶含胡萝卜素、维生素、蛋白质、脂肪、糖、粗纤维、钾、钙、镁、蕨素、蕨苷、乙酰蕨素、胆碱、甾醇，此外还含有18种氨基酸等。现代研究认为蕨菜中的纤维素有促进肠道蠕动，减少肠胃对脂肪吸收的作用。另外，所含粗纤维能促进胃肠蠕动，具有下气通便、清肠排毒的作用，民间常用蕨菜治疗泄泻痢疾及小便淋漓不通，有一定效果。

2. 食用方法

（1）蕨菜炒蛋。蕨菜洗净焯水2～3分钟，放入冷水冷却后捞出，挤干表面水分切段，放入大一点的盆中，再加入适量火腿肉丁、鸡蛋液、少量食盐、鸡精，充分搅拌调匀，油锅烧热，倒入备好的食材平铺锅底，煎到两面微黄，然后捣碎再加入少许香油继续翻炒至熟后即可出锅。

（2）凉拌蕨菜。蕨菜洗净、焯水、冷却后，沥干表面水分并切段备用，然后准备适量蒜泥、鲜剁辣椒、生抽、糖、香醋、食盐、香油、葱花和鸡精等调成酱汁，淋在蕨菜上拌匀即可。

（3）蕨菜炒肉丝或肉片。蕨菜洗净、焯水、冷却后，捞出切段备用，热锅中加入适量食用油，再加入生姜粒、大蒜粒煸香后加入肉丝或肉片、适量盐、酱油煸炒1分钟，之后加入少量开水和料酒盖上锅盖焖至肉七八分熟，再加入备好的蕨菜翻炒2分钟，调味后即可出锅。

（4）蕨菜干。采摘的新鲜蕨菜量比较大时，可以制作成蕨菜干，方便保存。最好是当天采收当天加工处理，以免老化。将鲜嫩的蕨菜洗净，放入烧开的沸水中焯水杀青2～3分钟，其间不断搅动，使其受热均匀，蕨菜软化后即可捞出，浸入干净的冷水中冲漂数分钟捞出沥干表面水分，然后可以通过日晒或利用烘干设备进行制干。利用烘干制成的蕨菜色泽均匀，比较鲜绿，品相更佳。蕨菜干烹饪前，要利用热水进行复水处理，再根据喜好可以与猪肉丝炒食、焖烧排骨，也可以凉拌。

（5）盐腌蕨菜。新鲜幼嫩蕨菜洗净后置于通风阴凉处晾至半干，然后放进坛子里，加入姜丝、青红辣椒和食用盐充分拌匀压实（食材和盐比为10：2），腌渍半个月后即可食用，特别有风味。

温馨提示

脾胃虚寒者慎食蕨菜，低血压的人慎食。常人也不宜多食。蕨菜可以直接炒食，也可以焯水再清水漂洗后炒食，一般建议焯水后炒食为宜。

九、苦荬菜

1. 营养价值和药用价值

新鲜苦荬菜在开花前，茎叶嫩绿多汁，富含粗蛋白、粗脂肪、粗纤维、胡萝卜素和维生素C和矿物质等，具有较高的营养价值，并且具有疏肝利胆、清肠养胃的药用价值，是人们经常采摘食用的野菜之一。苦荬菜带根全草可食，洗净后可以凉拌、炒食或做汤。

2. 食用方法

（1）凉拌苦荬菜。苦荬菜洗净后焯水3分钟至熟（根据采摘时的老嫩程度调整焯水时间），捞出放入清水中漂浸30分钟（除去部分苦味），再捞出沥干水分后切碎放入大碗中。加入适量蒜泥、食用盐、香油、鸡精等充分拌匀即可。

（2）鲜炒苦荬菜。苦荬菜洗净焯水后放入清水中漂洗30分钟，捞出沥干表面水分，切碎备用。热锅中加入食用油，放入蒜泥煸香，然后放入备好的苦荬菜，撒入适量食用盐后翻炒均匀，再加点开水煮1分钟收汁，用味精调味后即可出锅。

如果喜欢吃饺子或包子，也可以将苦荬菜的嫩茎叶清洗干净后剁碎，与肉馅一同搅拌均匀做馅料。

温馨提示

苦荬菜味苦性偏寒，寒性体质人群少食，孕产妇可以少量食用。

十、东风菜（庐山风毛菊）

1. 营养价值和药用价值

东风菜富含蛋白质、粗纤维、胡萝卜素、维生素C等人体所需的营养物质，可增强人体免疫功能。东风菜有清热解毒、明目、利咽等功效。

2. 食用方法

（1）鲜食东风菜。东风菜洗净、焯水、冷却，捞出并沥干（或挤干）表面水分，切段备用。

①鲜炒东风菜。热锅中加入食用油（猪油更香、味更佳），放入切好的蒜粒煸香，加入备好的东风菜煸炒（如果火旺太干，可以加少许水），半分钟后调味出锅即可，也可以先将肉丝炒熟后，再加入东风菜煸炒，其味道更加鲜美。

②凉拌东风菜。切成段的东风菜，根据自身喜好搭配五香干丝、焯熟的豆芽以及调味料等食材一起凉拌。

（2）东风菜干。东风菜洗净焯水后，可直接晒干或者烘干，烘干的东风菜色泽会显得更加鲜绿，更加卫生，更具商品性。食用时，需将东风菜干放入热水中进行浸泡复水（冷水复水较慢），复水完全后的东风菜要事先稍微挤去表面水分，再根据习惯切成段进行各种烹饪。

①东风菜烧排骨、炖猪肉。先将排骨或猪肉烧熟后留少量汤汁，再加入备好的东风菜干，继续翻炒（如果锅中水太干，可以加入少量开水），盖上锅盖焖熟收汁调味即可。

②“杀猪菜”。东风菜干放入锅中复水并将其煮透捞出，冷水洗净沥干，用于杀猪宴火锅的烫菜（即浙江省景宁畲族自治县少数民族特色“杀猪菜”），味道特别鲜美。

温馨提示

东风菜凉拌食用过量有可能导致泄泻，另外，脾胃虚寒者少食。

十一、马兰

1. 营养价值和药用价值

马兰含有钙、磷、钾、铁、胡萝卜素、B族维生素等人体所需的营养成分，而且马兰的钾、硒、锌、镁、钙含量比一般蔬菜更加丰富，是餐桌上常见的美味菜肴。马兰性味辛凉、微寒，有解毒消肿、凉血止血、清热利湿等功效。

2. 食用方法

（1）新鲜炒食。马兰洗净焯水1分钟，捞出置冷水中冷却后切段备用（也可以不焯水，洗净后直接切段烹饪），热油锅中放入切好的大蒜煸香，再放入备好的马兰大火翻炒2分钟左右，调味后即可出锅。

（2）凉拌马兰。将焯水冷却后的马兰控干水分，并切成小段待用，将豆腐干（或五香干）、胡萝卜切丁洗净焯水后过水冷却，与备好的马兰混合，加入适量香油、食用盐、鸡精等充分拌匀即可。

（3）马兰烧竹笋。将马兰、竹笋洗净切段备用，热锅中加适量猪油，放入备好的竹笋和食用盐，加入适量清水大火烧开后转小火将竹笋煮熟，再加入备好的马兰煮熟并留少量汤汁，最后用味精调味即可。

（4）做馅料。马兰洗净切碎（或焯水冷却后切碎），搭配猪肉末，加入少许香油以及适量盐、鸡精、酱油充分拌匀，作为饺子馅料，其香味浓郁，营养丰富。

（5）干制马兰。将采回的马兰洗净，焯水3～5分钟捞出后立即放入冷水中冷却，待完全冷却后捞出沥干水分，平铺于晒席上置于阳光充足的地方晒干（有条件的可以用烘干机烘干）。干制马兰可以长时间储存，也方便运输。干制马兰食用方法可参考败酱食用方法。

（6）腌制马兰。将洗净后的马兰放置于通风处晾至叶片微软，然后将马兰放入腌制容器中，加入20%左右的食用盐和马兰，用手将马兰和食用盐充分拌匀后摊平压实，上面可以用重物（石头等）压实，一般腌制10天以上即可，如果在腌制过程中容器内水分太少，未能没过马兰，要加入一些盐水（盐水要经过烧开后完全冷却），加入量以没过马兰为宜。腌制马兰烹饪前要先经过漂洗退盐，然后可以根据要求进行凉拌，或搭配猪肉丝（或片）、冬笋丝、豆腐干丝等进行烹饪。

温馨提示

马兰性寒，体寒的人不要吃；马兰根不宜吃。

十二、木槿花

1. 营养价值和药用价值

木槿花的营养价值极高，含有蛋白质、脂肪、粗纤维，以及还原糖、维生素C、氨基酸、铁、钙、锌等，并含有黄酮类活性化合物。木槿还有清热利湿、凉血解毒之功效，可用于治疗反胃、痢疾、脱肛、吐血、下血、痄腮、白带过多等症。吃木槿花早就有记载，木槿花蕾食之口感清脆，完全绽放的木槿花食之滑爽。

2. 食用方法

（1）鲜木槿花炒肉丝。新鲜木槿花洗净沥干备用，先将切好的肉丝放入热油锅中煸炒至熟，再加入生姜丝、辣椒丝、蒜粒煸出香味，再加入木槿花翻炒半分钟（如果太干，可加少许开水）后调味即可出锅。

（2）酥炸木槿花。木槿花洗净沥干表面水分备用。取适量面粉加清水搅拌成糊，静置发酵3小时左右，加入少量食用油、碱、食盐、味精充分搅拌均匀，再把木槿花放入面粉糊中充分浸泡，使木槿花完全裹上面粉糊后，放入热油锅中炸酥即可（注意控制油温以免炸煳）。

（3）鲜木槿花鲫鱼汤。新鲜鲫鱼处理干净用盐腌制30分钟，热铁锅加食用油，放入鲫鱼煎至两面金黄捞出。热油锅中放入姜片煸香，放入煎好的鲫鱼、少许食盐，倒入适量开水大火烧开（其间可加点料酒去腥、提香），转中火烧至鱼汤变成乳白色，再放入新鲜洗净的木槿花，煮半分钟左右即可调味出锅。

（4）木槿花豆腐汤。选白木槿花洗净后调入稀面、葱花，入油锅炸至微黄（食之松脆可口），然后根据自身喜好烧好豆腐汤，再将炸好的木槿花放入汤中即可。

（5）木槿花粥。将鲜木槿花搭配各类粮食进行熬煮，也是一道很好的美味粥膳。

（6）木槿花茶饮。将鲜木槿花（或干木槿花）和生姜洗净放入煮茶器中，加入适量清水煮成汤，加入红糖调匀即成。干木槿花也可以搭配枸杞、西洋参等泡成美味养生茶。

（7）木槿花蜜饮。将木槿花洗净后，放入汤锅中，加入冰糖、水煮开即可。也可以将木槿花加水煮开放凉后，再调入蜂蜜。

（8）木槿花制干。早上采摘新鲜、未受污染、干净的木槿花，剔除杂质后将花朵摊在竹席上，置于太阳光下晒干即可。

温馨提示

木槿花朵入药，具有清热凉血、解毒消肿的功效，适合痢疾、白带异常者食用。

十三、糯米团

1. 营养价值和药用价值

糯米团地上部分可以当蔬菜食用，能为人体补充丰富营养，根可入药。糯米团根气微，味甘苦，性凉，无毒，具有清热解毒、健脾消积、利湿消肿、散瘀止痛等功效。

2. 食用方法

浙江丽水、温州一带主要吃法：

（1）鲜炒糯米团。新鲜采摘的糯米团洗净焯水，然后置于冷水中浸漂2小时左右，去除糯米团的苦涩味，并切成段备用。热锅加入适量食用油、姜丝和蒜粒煸香，再加入备好的糯米团旺火翻炒2分钟，调味即可出锅。

（2）凉拌糯米团。新鲜糯米团洗净后在开水中焯熟，捞出控干水分后切碎，搭配香干丁、红萝卜丁、蒜末，再加入少许食用盐、鸡精、生抽调味，以及淋上香油拌匀即可。

温馨提示

糯米团性凉，不适合脾虚胃寒的人食用。

十四、败酱（攀倒甑）

1. 营养价值和药用价值

败酱营养丰富，含有人体所需的多种维生素、矿物质、胆碱、糖类、核黄素和甘露醇等。败酱性微寒，味道有点苦，具有清热解毒、活血化瘀的功效，可治肠痈、痢疾、肠炎、肝炎、眼结膜炎、产后瘀血腹痛以及预防便秘、感冒等。

2. 食用方法

（1）炒鲜败酱。将新鲜败酱清洗干净，放在开水中焯水，再放入冷水中浸漂1～2小时除去部分苦味，之后捞出切段备用。铁锅烧热加入食用油、大蒜粒（或蒜泥），煸香后直接加入备好的败酱，煸炒半分钟后加入少许清水盖上锅盖焖煮1～2分钟调味收汁即可。

（2）败酱干。去除鲜败酱枯叶、杂质后清洗干净，放入开水中焯水2～3分钟（根据败酱的老嫩调整焯水时间），马上放入冷水漂洗冷却后捞出，沥干表面水分，再进行晒干（有烘干条件的进行烘干，品质更佳）。食用前，先慢煮复水（冷水复水较慢），再放入水中冷却后进行烹饪。

①败酱干烧排骨。可参考东风菜烧排骨。

②特色“杀猪菜”。复水后的败酱也可以作为杀猪宴火锅的烫菜，这是浙南少数民族餐桌上的一道特色菜。

③败酱猪肚养胃汤。将猪肚洗净（保持猪肚完整），从凸边开小口，将备好的败酱填入猪肚内，填实，加入适量姜片、少许盐、料酒，再重新用棉线缝好开口处，放入砂锅中加水至没过整个猪肚，大火烧开后转小火慢炖45分钟左右关火，捞出猪肚冷却后切开猪肚，将猪肚切成条块，取出败酱，并将原汤留着备用。铁锅烧热加入少量食用油，加入生姜，放入适量切好的猪肚、少许食盐稍作煸炒，倒入部分原汤和败酱，烧开后，加入少许料酒，盖上锅盖焖3分钟，用少许味精调味，即成一道美味的败酱猪肚养胃汤。败酱同样也可以炖大骨汤。

温馨提示

败酱具有苦寒特性，虚寒性痢疾患者和久病刚好、胃虚脾弱的人不宜食用。

十五、蘘荷

1. 营养价值和药用价值

蘘荷食用部位为地上茎果、嫩芽，果实呈紫红色，香味独特，嫩芽、茎、果味道鲜美，含有多种维生素、膳食纤维、多种氨基酸，是浙西南一种特色山珍。蘘荷果实有温胃止痛的功效。

2. 食用方法

蘘荷可以作为蔬菜鲜食，也可以腌制后食用，可以根据个人喜好选择。

（1）炒鲜蘘荷。新鲜蘘荷洗净后切片备用，再根据喜好搭配肉片（或肉丝）、青红辣椒等食材。热锅中加适量食用油，加入肉丝及青红辣椒反复翻炒1分钟左右煸出香味，再加入备好的蘘荷，继续翻炒2分钟左右，调味后即可出锅。也可以和排骨一起炖食。

（2）腌制食用。蘘荷腌制方法很多，每个地方的腌制方法都有差异。首先要洗净控干水分，然后根据自身喜好可以整个或切片或切丝加入食盐、辣椒、生姜、大蒜等食材充分拌匀后，装入密封瓶中腌制15天后即可食用，也可以用食盐直接腌制。

一般人群可以食用。

十六、三脉紫菀

1. 营养价值和药用价值

三脉紫菀含有大量蛋白质、脂肪、粗纤维等营养物质，以及钙、磷、铁、抗坏血酸、胡萝卜素、硫胺素、核黄素、尼克酸等。三脉紫菀有和中、祛湿、清热解毒、祛痰镇咳、凉血止血的功效，对感冒暑热、头痛、呕吐泄泻、痢疾、口臭等症有较好的食疗作用。

2. 食用方法

（1）凉拌三脉紫菀。三脉紫菀嫩茎叶经沸水焯熟后放入流水中漂洗3～5小时（三脉紫菀的特殊气味较浓，可以根据个人喜好确定漂洗时间长短），捞起沥干表面水分，切成段或切碎，搭配豆腐干丁（或丝）、火腿肠丁置于大一点的盆子里，然后加入适量蒜泥、干辣椒（丁或丝）、香油、食用盐、鸡精等调味料拌匀即可。

（2）鲜炒三脉紫菀。热锅中加入适量猪油，放入切好的蒜粒煸香后，放入备好的三脉紫菀，加入适量食用盐大火翻炒2分钟左右，调味即可出锅。

（3）三脉紫菀干。三脉紫菀焯水漂洗后，沥干水分，晒或烘制成干，烹饪方法参考败酱。

温馨提示

患有疮病、热感冒以及体虚便溏者慎食三脉紫菀。

十七、鼠曲草

1. 营养价值和药用价值

鼠曲草的营养价值非常高，含有丰富的蛋白质和维生素以及微量元素等，是较常见也是人们喜欢的野菜。鼠曲草味甘，性平，入肺、胃、肾经，具有润肺调中、化痰止咳、祛风除湿、解毒等功效，能改善咳嗽痰多、气喘、腹泻、感冒风寒等症状。鼠曲草是浙南地区人们用来制作清明粿、清明团子点心的一种食材。

2. 食用方法

（1）制作蓬点心（或清明粿）。将鼠曲草洗净后放入开水中煮开1分钟左右（可加少许食用碱以护色并可以去掉部分青草味），捞出放入清水中漂洗冷却，然后切碎（或用机器打碎），再把打碎的鼠曲草放入锅中重新煮开后倒入大点的盆中，加入大米粉（多用糯米粉），快速充分搅拌，反复揉团（揉得越久，清明粿越细腻，口感也越好），鼠曲草团子揉好后压模成水饺大小的皮，再根据自身喜好调好馅料（如甜的豆沙馅、芝麻馅等，咸的鲜笋猪肉馅、笋衣猪肉馅、咸菜豆腐馅等）包成饺子、包子等各种形状的清明粿，再将包好的清明粿放进蒸笼中架在烧开水的锅中蒸8～10分钟，鲜绿、美味的清明粿就可出锅了。

也可以把鼠曲草洗净焯水后晒干磨成粉，再和以米粉、面粉制作成各种蓬点心。

（2）鼠曲草茶。采摘鼠曲草的花朵洗净，在阴凉处晾晒至干即可收纳保存。泡茶时，取适量用开水冲泡。鼠曲草茶有温经止血、补中益气、消炎平喘等功效。

温馨提示

鼠曲草适合风湿、咳嗽或妇女白带量多且黄色者食用。

十八、碎米荠

1. 营养价值和药用价值

碎米荠含有丰富的人体所需的蛋白质、膳食纤维、氨基酸、矿物质和多种维生素，可为人体补充维生素和多种微量元素，维持人体正常代谢。碎米荠全株用药，有清热利湿、通尿利便、止痛等功效，用于治疗败血病以及湿热泻痢、热淋、白带、心悸、失眠、虚火牙痛、小儿疳积、吐血、便血、疔疮等症。具有很好的食疗保健作用。

2. 食用方法

嫩茎叶入沸水焯熟，凉拌、炒食、做汤或做馅。

（1）碎米荠煎饼。将碎米荠洗净切碎后备用，取适量面粉，加入适量食盐、鸡精和清水调好面糊（也可以加些打好的鸡蛋液），然后加入切碎的碎米荠再充分搅拌均匀备用。平底锅加入适量食用油开火加热，再取适量备好的碎米荠面糊薄薄地平铺于平底锅上，小火煎至两面金黄即可。碎米荠切碎后，也可以直接拌入打好的鸡蛋液里，调好味拌匀后，用同样的方法煎成鸡蛋碎米荠饼。

（2）碎米荠炒肉丝。先将碎米荠洗净备用，取瘦肉切成丝加生抽、老抽、蚝油腌制15分钟。热锅加食用油、葱花和腌制好的肉丝炒散，加入适量料酒大火爆炒至熟，随后放碎米荠入锅，再加少量食盐，快速翻炒至熟即可出锅。

（3）蒜香碎米荠。新鲜碎米荠洗净，切成段备用，热油锅中放入大蒜末煸香，再放入碎米荠，快速翻炒均匀，加适量食盐调味翻炒至熟，再用鸡精调味即可出锅。

（4）碎米荠汤。碎米荠洗净切碎备用，取适量瘦猪肉切末，冬笋、香菇等切丝（或丁），热锅加入猪油适量，加入备好的大蒜、生姜粒煸香，放入肉末、冬笋以及适量食盐翻炒出香味后加入适量清水，大火煮开3～5分钟至熟后，加入备好的碎米荠再煮开1分钟，最后水淀粉勾芡、调味即可。也可以烧成猪肝碎米荠汤，事前猪肝切丝或小片后用白胡椒粉、生抽、老抽适当腌制，先将冬笋、香菇按照上述方法烧好汤底，适当勾芡后再倒入腌制好的猪肝，大火烧开约1分钟，加味精、少许胡椒粉调味即可。

碎米荠清热利湿，一般人能食用。

十九、天胡荽

1. 营养价值和药用价值

天胡荽植株内含有大量人体必需的氨基酸、黄酮苷、香豆素等营养物质，而且茎、叶、根都可以入药，具有清热消肿、清痰止咳、清肠止泻等功效。

2. 食用方法

（1）天胡荽炒蛋。鲜天胡荽嫩叶洗净切碎备用。将鸡蛋在油锅中煎炒定型后捣碎，加入备好的天胡荽，再翻炒至熟调味即可。也可以将备好的天胡荽和入打好的鸡蛋，一起放入油锅中翻炒至熟并调味即可。

（2）天胡荽鸡蛋羹。锅中烧好油后，先后放入备好的天胡荽和打好的鸡蛋液，烧开调味即可（也可以稍微用淀粉勾芡，味道更加鲜美）。

（3）天胡荽猪肚汤。天胡荽猪肚是浙西南景宁一带畲族人常用以养胃的一道美味药膳。

①将新鲜天胡荽洗净后直接放入即将烧熟的猪肚汤里继续烧开至熟，调味即可。

②将天胡荽晒干，烹饪时，取适量复水后和切好的猪肚一起放入砂锅中，加入生姜、少许食用油、食用盐慢炖100分钟左右，加入料酒提香，再以适当味精调味即可（也可以参考败酱猪肚的烹饪方法）。天胡荽猪肚汤养胃、利尿，独具风味。

温馨提示

天胡荽性寒，肠胃虚寒者和孕妇慎食。

二十、香椿

1. 营养价值和药用价值

香椿嫩芽、嫩叶富含蛋白质、氨基酸、各种挥发油、B族维生素、维生素C、胡萝卜素以及磷、铁等矿质元素，香椿不但营养丰富，且营养全面均衡，是我国独有的传统名贵木本蔬菜，也是外贸出口的土特产品。香椿所含丰富的维生素E和性激素物质，可抗衰老和滋阴补阳，有“助孕素”美称。香椿嫩芽味道芳香，有醒脾、开胃、爽神之功效，对于胃火过旺、食欲不振者，或水土不服、腹痛呕吐者，将香椿芽切碎，用开水冲服有特效，故民间有“常食香椿芽不染杂病”之说。《日华子本草》记载香椿“止泄精尿血，暖腰膝，除心腥痼冷、胸中痹冷、痃癖气及腹痛等，食之肥白人。中风失音研汁服；心脾胃痛甚，生研服；蛇犬咬并恶疮，捣敷”。

2. 食用方法

香椿的食用方法很多，可炒食、腌制或凉拌，味道都特别鲜美，食用香椿前都建议先焯水处理，焯烫可除去硝酸盐和亚硝酸盐，可以极大地提高食用香椿时的安全性，同时还可以更好地保存香椿的绿色。

（1）椿芽拌豆腐。将新鲜采摘的香椿芽洗净，放入烧开的水中焯4～5分钟至熟，放入冷水浸泡冷却后捞出，沥干表面水分，切成段后先放入盆内加入少量食用盐稍腌一会儿，可准备适量香干丁加入香椿里，再加少许食盐、鸡精、香油调匀即可。

（2）裹炸香椿。将香椿头洗净稍微焯水，过清水冷却后捞出沥干水分，切碎备用，再取适量虾仁洗净，切成米粒状后用刀轻轻斩茸，然后准备适量鸡蛋清放入碗内打碎。把备好的香椿碎和虾茸倒入蛋清碗内，加精盐、料酒、味精搅拌均匀待炸。炒锅烧热，放入食用油烧至五分热，将搅拌好的香椿和虾，用手挤成核桃大小的圆球，下锅炸成起软壳时倒入漏勺沥去油，即可装盘。盘两边放番茄酱、椒盐蘸食。

（3）油爆香椿鸡丝。香椿洗净用沸水焯一下冲凉待用，将鸡胸肉切丝加入老抽、酱油、料酒腌制5分钟。热锅放油烧至四五分热时，下鸡丝滑开捞出，锅内留底油放葱姜丝煸出香味，放入香椿、鸡丝翻炒1分钟左右即可出锅。

（4）酸辣香椿。先将香椿芽洗净、焯水、冷却后捞出备用。热锅加入少量食用油（猪油），放入蒜末煸香后放入备好的香椿，加入少许清水（或鸡汤）烧开后，加盐、醋、味精、胡椒粉充分翻炒均匀，最后加少量淀粉液勾芡后装入汤盘即可。

（5）香椿鸡蛋。焯烫好的香椿切碎，鸡蛋3个打入碗里，加少许白胡椒粉和1汤匙料酒打匀蛋液，再把香椿碎放入蛋液里，加适量食盐搅拌均匀。热锅加油，油微热倒入香椿蛋液，平铺煎至定型，翻面再煎至凝固即出锅。

香椿是“发物”，皮肤病、哮喘、发热和感染性疾病者不宜食用。

二十一、鸭儿芹

1. 营养价值和药用价值

鸭儿芹以幼苗和嫩茎叶作蔬菜，翠绿、营养丰富，具有特殊的芳香味。每100克幼苗及嫩茎叶的鲜品中含蛋白质1.1克、脂肪2.6克、维生素A 100国际单位、维生素B_1 0.04毫克、维生素B_2 0.02毫克、维生素C 9毫克、钙44毫克、磷38毫克、铁0.8克，较高的维生素含量和很高的铁含量使鸭儿芹具有补血功用。中医认为鸭儿芹全草可入药，具有消炎、解毒、活血消肿的功效，还可外用治皮肤瘙痒等病症。

2. 食用方法

（1）清炒鸭儿芹。采摘的鲜鸭儿芹洗净切成段（也可以先焯水），热锅加适量油后直接加入备好的鸭儿芹段大火翻炒至熟，少许鸡精调味即可。

（2）凉拌鸭儿芹。鸭儿芹洗净焯水至熟，置于冷水中漂洗，冷却2～3小时后捞出，沥干表面水分，然后切成丝备用。取适量白木耳和黑木耳（提前泡发好）在开水中焯熟洗净后切丝，再将鸭儿芹丝和木耳丝混合拌匀，淋上用辣椒末、食用盐、白糖、白醋、香油、鸡精等调成的酱料，再次充分搅拌均匀即可。

温馨提示

鸭儿芹是一种较为温补的蔬菜，大人小孩均可食用。

二十二、野茼蒿

1. 营养价值和药用价值

野茼蒿是我国传统的野菜之一，在唐代孙思邈著作的《备急千金要方》中就有所记载，《唐新本草》《救荒本草》等典籍上也有野茼蒿的记载。含丰富蛋白质、胡萝卜素、维生素C以及钾、铁、锰等矿物质，全株可食，嫩茎、叶可炒食、做汤或作火锅料。野茼蒿性平，叶甘辛，有清热解毒、行气利二便、消渴、祛痰等功效。

2. 食用方法

（1）凉拌野茼蒿。野茼蒿洗净焯水3分钟左右，放入冷水中冷却后捞出沥干表面水分，切段备用。取大蒜泥，用适量的生抽、蚝油、香醋、麻油充分调匀后淋在备好的野茼蒿上，搅拌均匀即可。

（2）鲜炒野茼蒿。野茼蒿洗净切成段备用，热锅中放适量食用油，加入蒜末煸香，将备好的野茼蒿入锅翻炒3～5分钟，加食盐和少量味精调味即可盛盘。

（3）野茼蒿烫菜。切成段状，在吃火锅时加入洗净切好的嫩野茼蒿烧开烫1分钟左右即可食用。

温馨提示

野茼蒿辛香滑利，胃虚泄泻者慎食。

二十三、野芝麻

1. 营养价值和药用价值

野芝麻富含人体所需的纤维素物质、微量元素、多种维生素以及大量的矿物质，可以促进消化、改善食欲，平时在饮食中可以制作一些野芝麻的菜肴来享用，以便于滋补强身。野芝麻全草有凉血止血、活血止痛、利湿消肿的功效，花有活血调经、凉血清热等作用。

2. 食用方法

野芝麻可配菜、配汤，有特殊芳香风味。

（1）凉拌野芝麻。新鲜嫩野芝麻叶洗净焯熟，过清水漂洗冷却后捞出沥干水分，切成小段，取适量蒜泥、食盐、白糖、香油、生抽、香醋、鸡精等放入碗中，充分调匀后淋于备好的野芝麻上，拌匀即可。

（2）鲜炒野芝麻。选野芝麻嫩苗洗净，经沸水焯熟，冷却处理后切段备用，再准备些葱丝、蒜末。热锅加入食用油，下葱丝、蒜末煸香，放入备好的野芝麻段以及适量食盐大火翻炒1分钟，淋上出锅油（香油），加鸡精调味即可。

野芝麻味辛、甘，性平，一般人都能食用。

二十四、紫苏

1. 营养价值和药用价值

紫苏的嫩叶和嫩芽可作蔬菜，清香可口，风味独特，营养丰富。紫苏嫩茎叶富含脂肪、粗纤维、磷、钙和多种人体必需的氨基酸等，其中氨基酸既含有成人所必需的8种氨基酸，又含有儿童必需的10种氨基酸，属于完全蛋白质。此外，紫苏叶中还含有丰富的类胡萝卜素和β-胡萝卜素以及各种挥发油。古籍《尔雅翼》中说“取紫苏嫩茎叶研汁煮粥，长服令人体白生香”，常食紫苏可延年益寿。紫苏性温、辛，入肺经，有发表散寒、行气宽中之能，还有理气宽胸、解郁安胎的作用，是很好的药食两用植物，主治风寒感冒、咳嗽气喘、胸腹胀满、鱼蟹中毒及胎动不安等症。紫苏果实有降气定喘、化痰、利膈、宽胸的作用，主治痰多、咳嗽、气喘等症。紫苏还有防腐作用，也是一种很好的香料食材。

2. 食用方法

紫苏是食疗调味品，可调味，可生食，可腌渍、煮粥，可制作饮料等。

（1）紫苏粥。紫苏叶洗净放入锅内，加入适量水煮沸1分钟后去渣取汤汁备用。将粳米用水淘洗干净。锅中加入适量水烧开，加入粳米煮粥至熟，再加入紫苏叶汁和糖，充分搅匀即可。紫苏粥有和胃散寒、解表的功效，对于偶感风寒者有效。

（2）紫苏烧田螺。紫苏叶洗净切段备用。挑选新鲜田螺洗净，剪去田螺屁股，再清洗干净备用。炒锅烧热，放适量食用油（可以搭配些猪油），放入切好的蒜茸、生姜、辣椒、紫苏叶等煸香，再加入洗净并除去屁股的田螺，大火不停地爆炒2分钟，加入少许热水焖烧1～2分钟，再加入适量食盐、料酒、老抽、酱油焖烧收汁，出锅前淋少许香油，撒味精调味即可。

（3）紫苏田螺汤。紫苏叶洗净切段备用。田螺洗净除去屁股放入锅中，加入适量清水（清水要没过田螺），待大火烧开后1～2分钟，除去浮沫，捞出田螺备用，沥出清汤倒入汤碗中备用。将锅烧热后加入色拉油和猪油适量，加入切好的生姜、大蒜粒（喜欢吃辣的可以放点干辣椒）和一些备好的紫苏煸香，放入处理好的田螺、适量食盐煸炒1分钟后，加入少许开水、适量料酒、酱油继续翻炒均匀后，盖上锅盖焖煮1分钟入味，再加些紫苏，加入田螺原汤，烧开后加味精调味即可出锅。

（4）紫苏土豆饼。紫苏叶洗净切碎备用。选择小土豆洗净后先放锅内煮熟（或蒸熟），取出放至通风处，待完全冷却后剥去表皮，放案板上轻压成土豆饼。热锅中下食用油，把土豆饼铺入锅中煎至两边略微焦黄盛出备用。重新起锅烧油，放入切好的生姜、大蒜、辣椒煸香，再加入备好的紫苏叶炒香，放入煎好的土豆饼，加入适量食盐翻炒均匀，加入少许开水、料酒、老抽、酱油，翻炒均匀后盖上锅盖小火焖烧3分钟左右收汁，最后加味精调味即可。

（5）紫苏饮。将3～5片紫苏叶洗净，阴干表面水分后放入泡茶器具中，加入适量冰糖（或白糖），再用开水冲泡，制成清凉饮料即可。紫苏饮具有健胃解暑的功效，健康人在暑热的夏日饮用，可以增进食欲、助消化、防暑降温，还可预防感冒、防止胸腹胀满。

（6）紫苏干。将采摘下来的紫苏洗净后，直接在太阳下晒干，也可以通过烘干设备烘干。嫩叶制成的紫苏干复水后，可以和新鲜紫苏一样烹饪田螺、烧鱼、烧土豆饼。老叶和梗制成的紫苏干，浙南山区畲族人会制成紫苏茶（如紫苏生姜茶：取适量的紫苏干、老姜片、红糖放入砂锅中，加入适量清水烧开后再关小火慢煮7～8分钟后关火，沥出汤液即可），冬天用于驱寒暖胃、预防风寒感冒等。

紫苏还可以烧鱼、炒肉片等，独具风味。

温馨提示

风热感冒、体湿或咽喉肿痛者不宜食用紫苏。

二十五、野百合

1. 营养价值和药用价值

野百合鳞茎含秋水仙碱等多种生物碱及淀粉、蛋白质、果胶、糖、钙、磷、铁和多种维生素。据分析，野百合所含蛋白质比番茄、黄瓜分别高5倍和3.5倍，糖的含量比黄瓜高10.4倍，经常食用可治病养身，延年益寿，是解秋燥滋润肺阴的佳品。野百合有较高的药用价值，其性平、味甘微苦，有润肺止咳、清心安神的功效，对肺热干咳、痰中带血、肺弱气虚、肺结核咯血等症，都有良好的疗效。此外，还有清热、宁心、安神的作用，可用于病后余热未清、烦躁失眠、神志不宁以及更年期出现的食欲不振、低热失眠、心烦口渴等症状。

2. 食用方法

（1）百合粥。取适量野百合、粳米（约4 ∶ 6），分别淘洗干净，放入锅内，加水，用小火煨煮。等野百合与粳米烂熟时，加糖适量，即可食用。对中老年人及病后身体虚弱而有心烦失眠、低热易怒者尤为适宜。另外，在百合粥内加入银耳，有滋阴润肺的作用；加入绿豆，可加强清热解毒的效果。

（2）百合汤。将野百合洗净，用水煮至极烂，加入适量白糖食用，是极好的饮料，又可作为结核病患者自我食疗方剂。

（3）百合银耳汤。先将适量（一般大小一朵就可以）干银耳泡发好后撕成小朵放入炖锅中，加入薏米20克，野百合10克（鲜野百合可以适当放多点），红枣5个，再加入3碗清水，大火烧开后小火炖煮30～40分钟关火，待温度降到常温后，加入适量蜂蜜即可。

（4）蒸百合。将鲜野百合与蜂蜜拌和，蒸熟后嚼食可治肺热咳嗽。

（5）炒百合。取野百合适量洗净备用。里脊肉适量切片，用食盐、蛋清、湿淀粉拌和，稍腌制5分钟。热锅加适量食用油，下备好的里脊肉翻炒至熟，再加入备好的野百合继续翻炒半分钟，加入适量的调味品即成。此菜味醇而不腻，脆甜清香，具有补益五脏、养阴清热的作用；胃口差、食欲下降者食用，还能增进食欲。

野百合性偏凉，胃寒、脾胃虚弱的人应少吃。

二十六、锦鸡儿花

1. 营养价值和药用价值

锦鸡儿花可食，含有蛋白质、脂肪、碳水化合物、多种维生素和多种矿物质，可以祛风活血、止咳化痰，还可健脾强胃、利尿通经，用于头晕耳鸣、肺虚咳嗽、小儿消化不良，另外还治虚损劳热、阴虚喘咳等。

2. 食用方法

（1）锦鸡儿花炒蛋。取适量新鲜采摘的锦鸡儿花洗净并除去杂质备用。将两个鸡蛋打入碗中，捣成鸡蛋液。热锅加入适量食用油，平铺上鸡蛋液煎到定型后，倒入备好的锦鸡儿花，放入适量食盐、料酒，大火翻炒至熟，即可调味出锅。也可以根据个人喜好加入少许肉丝一起烹饪，味道特别鲜美。

（2）锦鸡儿花粥。将粳米洗净熬成粥后，加入洗净的锦鸡儿花和白糖，稍煮2分钟即可。具有补中益气、和血生津的作用。

（3）锦鸡儿花汤。将锦鸡儿花洗净，猪肉切薄片，铁锅置火上加入适量食用油，油微热后加入姜末、葱末炝锅，放猪肉片翻炒至变色，放入食盐、清汤、料酒，烧开后加入备好的锦鸡儿花，用淀粉液勾薄芡，鸡精调味即可出锅。

温馨提示

红花锦鸡儿的花有兴奋性机能作用，须根据个体情况食用。

二十七、琴叶榕（小香勾）

1. 营养价值和药用价值

琴叶榕的根、茎、叶都可以作为药膳食材。据相关研究，琴叶榕含有丰富的粗纤维、总糖、粗脂肪、维生素、粗蛋白和谷氨酸，还含有丰富的人体必需的微量元素。琴叶榕也称为小香勾，丽水龙泉、遂昌、松阳、景宁、莲都等地的畲民以小香勾作为烹饪鸡、猪脚、兔子等食材的作料，以增加菜肴的清香味，降低食材的油腻性，还有健胃消食、祛除湿气的功效。

2. 食用方法

（1）小香勾烧猪脚。一般1千克猪脚约加小香勾干100克，猪脚洗净砍切成适当大小焯水捞出，沥干水分备用。小香勾清洗干净后，放入砂锅中加水煮约40分钟，滤出汤汁备用。热锅放入处理好的猪脚，干炒至微微出油，加入生姜片、蒜粒、食盐、料酒继续翻炒出香味后，倒入小香勾汤汁（如果汤汁不够，加开水至完全没过猪脚），大火烧开后关小火慢烧至猪脚完全熟透，即可加入适量酱油、味精调味出锅。

（2）畲乡鹅汗。选用2.5～4.0千克农家土养的大鹅，褪毛洗净并去除内脏，然后加少许生姜、食盐、料酒腌入味待用。采集小香勾、白鸟不歇树、鸭脚木的植物叶子，用清水洗净，作为熏蒸食材备用。农家的柴火大灶烧旺后，锅内坐水，再取一稍大点的容器放入小香勾等食材，并将大鹅架空放置其上，放入锅中，盖上锅盖焖蒸1小时以上。经过高温蒸煮，小香勾、白鸟不歇树、鸭脚木叶的药效和香气被充分蒸进鹅肉里，鹅脂肪被高温柴火一层层逼出，各种香料香气混着药材香气趁机跑入鹅肉缝隙间，携手造就草木与禽肉的香甜鲜美。

（3）小香勾晒干。将小香勾采收回家后处理掉杂质，洗净表面泥土，切小碎段后在太阳光下晒干，以备做菜肴使用。

温馨提示

湿热内蕴者，不宜多食小香勾。

二十八、多花黄精

1. 营养价值和药用价值

多花黄精的根茎含有多糖、皂苷、黄酮、木脂素、氨基酸、醌类化合物、维生素、生物碱及多种微量元素等对人体有益的成分，具有抗氧化、抗肿瘤、降血糖、免疫调节、抗菌消炎、抗病毒等功效，是具有较高药用价值和营养价值的药食同源植物。

2. 食用方法

（1）黄精炒香菇。将新鲜多花黄精洗净切片；香菇洗净切片；姜切片，葱切段。热锅中加入食用油，烧至六分热时，下入姜片、葱段爆香，加入多花黄精、香菇、料酒炒熟，然后加入食盐、鸡精调味即可。该药膳有补中益气、滋阴润肺的功效，适用于体虚乏力、心悸气短、肺燥、干咳等症。

（2）黄精炒鳝丝。将新鲜多花黄精洗净切片；鳝鱼处理干净切丝；冬笋洗净切丝；生姜切片，葱切段。热锅加食用油，烧至七分热时，加入姜片、葱段煸香，下入鳝鱼丝、多花黄精、冬笋丝、料酒、酱油、食盐，大火翻炒至鳝鱼段熟即可加味精调味出锅。此肴补中益气、强精壮骨、延年益寿，适用于高血压、体虚乏力、心悸气短、肺燥干咳、糖尿病等症。

（3）黄精紫菜汤。将新鲜多花黄精洗净切小薄片；枸杞子去杂质洗净；选干净的紫菜用温水泡洗干净；鸡蛋打成鸡蛋液；姜切丝，葱切段。铁锅烧热，加入食用油烧至六分热时，下姜丝、葱段爆香，加入清水适量，加入多花黄精、枸杞子煮熟后，下入紫菜，再把鸡蛋液慢慢注入汤中，加入料酒、食盐大火烧开，最后用鸡精调味即可出锅。

（4）黄精猪肘煲。该药膳要与党参搭配一起烧，有补脾润肺的作用，适用于脾胃虚弱、饮食不振、肺虚咳嗽、病后体虚、更年期综合征等症。

将新鲜（干多花黄精要泡发后使用）多花黄精洗净，切成薄片；党参洗净切成节；红枣选5～7粒洗净；姜洗净拍破。将猪肘刮洗干净，与以上药材与食材一同放在高压锅内，加入清水（也可以加入骨头汤），大火烧开出气后转小火，30分钟后停火，冷却后倒入煲内加入食盐，重新开火烧沸后，加味精或鸡精调味即可。

（5）黄精粥。取多花黄精和大米（约1：1）洗净放入锅中，加入适量清水（平时煮粥水量），大火烧开后慢熬至米粒开花，再放入适量陈皮（事先泡至较软，洗净）和冰糖，继续煮约3分钟即可。黄精粥可以早晚空腹食用，具有补气益血和美容延寿之效。

中寒泄泻、痰湿痞满气滞和多花黄精过敏者不要食用。

参考文献 Reference

安传志，2011．木槿扦插育苗技术［J］．河北林业科技（8）：98．

敖特根白音，李运起，韩艳华，等，2015．我国野生蔬菜资源的开发与利用现状［J］．河北农业科学，19（6）：92-96．

曹熙敏，邢海萍，范翠丽，2010．张家口地区二色胡枝子优良种源选择及栽培技术研究［J］．安徽农业科学，38（4）：1777-1779．

陈斌，杜一新，李永青，等，2011．豆腐柴人工栽培技术［J］．中国农技推广（2）：30-32．

陈珏，倪江，邹丹蓉，等，2020．上海地区马齿苋的菜用栽培技术［J］．长江蔬菜（9）：46-47．

陈梦妮，王慧，李永山，等，2020．药食同源蒲公英的栽培技术及其应用研究进展［J］．山西农业科学，48（12）：2007-2011．

陈庆华，邹秀丽，李芸瑛，等，2009．鱼腥草营养成分的分析［J］．浙江农业科学（5）：2．

陈瑞星，2011．高山茎用莴苣高产栽培技术［J］．福建农业科技（6）：50-51．

陈永兵，2015．木槿扦插育苗技术［J］．安徽农学通报，21（17）：92-93．

陈勇军，陈建，杨建，等，2006．木槿的繁殖栽培技术［J］．特种经济动植物，9（6）：39-40．

陈祖海，曾岳明，李永和，等，2021．多花黄精‘丽精1号’氨基酸组成及营养价值分析［J］．中药材，44（9）：2147-2150．

程瑶，2016．野薄荷的人工栽培技术［J］．中国林副特产（4）：55-56．

程玉静，袁春新，唐明霞，等，2018．荠菜高产栽培技术［J］．农业开发与装备（11）：198-199．

程子卿，2011．胡枝子栽培技术［J］．中国西部科技，10（17）：46，70．

崔洪文，2013．冬寒菜的优良品种及高产栽培技术［J］．新农村（3）：25．

邓蓉，向清华，王安娜，等，2015．黔金荞麦1号与多花黑麦草间套种栽培和利用技术［J］．贵州畜牧兽医，39（1）：55-57．

邓雁如，何荔，李维琪，等，2003．紫花野芝麻化学成分研究［J］．中国中药杂志，28（8）：730-732．

邓正春，杜登科，戴红梅，等，2014．特产蔬菜菊芋高产栽培技术［J］．作物研究（6）：700-701．

丁磊，徐爱琴，黄巧云，等，2004．菊芋的生育特性和高产栽培技术［J］．上海农业科技（6）：77．

董然，文连奎，李丹茹，等，1996．广东菜歪头菜鳖麻子菜的营养成分及保健作用分析［J］．中国林副特产（4）：24-25．
董玮玮，鲁智丛，曲一，等，2007．大叶碎米荠营养成分的研究［J］．天然产物研究与开发，19（B11）：3．
杜晓云，2020．药食兼用蒲公英高产高效栽培技术［J］．现代农业（2）：64-65．
段小娟，侯利，张文超，2002．百合栽培技术［J］．现代种业（4）：1．
樊绍光，2020．蒲公英的价值及林下高产栽培技术［J］．新农民（20）：42．
范重秀，范学钧，王本孝，2004．庆阳黄花菜种苗繁育暨大田丰产栽培技术［J］．甘肃农业（2）：53-54．
方勤，杨蓉，龚玮，等，2020．鱼腥草的栽培技术研究与种植效益分析［J］．上海蔬菜（4）：88-90．
冯彩金，2019．旱地复种荞麦高产栽培技术［J］．农家科技（上旬刊）（12）：28．
冯丽洁，2020．美丽胡枝子栽培技术及主要价值［J］．农家科技（上旬刊）（8）：14．
付明，伍贤进，陈春光，等，2006．鱼腥草营养成分的定量分析［J］．怀化学院学报，25（2）：2．
甘宏信，项小敏，2014．衢州地区野生鸭儿芹秋季栽培技术［J］．上海蔬菜（4）：22-23．
高贵涛，2013．鱼腥草种苗繁育技术［J］．北京农业（4）：32．
高志慧，2019．不同产地黄花菜营养价值的比较［J］．黑龙江农业科学（12）：82-84．
弓玉红，田晶，王岗，2016．吕梁地区苦菜营养成分分析［J］．山西农业科学，44（2）：4．
龚娜，刘国丽，杨光，等，2020．刺五加栽培关键技术［J］．园艺与种苗，40（3）：9-11．
龚小林，杜一新，王海燕，2007．败酱草高产栽培技术及利用［J］．农技服务，24（8）：94-95．
顾青，2000．浙江省野生蔬菜资源开发利用对策［J］．浙江林学院学报，17（4）：454-458．
顾一男，刘海杰，2020．辽宁东北部地区黄精栽培技术［J］．现代农业科技（12）：98，100．
管先军，李爱英，2018．濮阳县艾草高产栽培技［J］．中国农技推广，34（6）：41，45．
郭丽霞，2016．木槿的栽培和管理［J］．农村・农业・农民（1B）：61．
哈有俊，2013．小叶锦鸡儿育苗和造林技术要点［J］．农技服务，30（6）：611-612．
韩贺东，胡海清，林燕，等，2014．贵州糯米藤化学成分研究［J］．中国实验方剂学杂志，20（2）：82-85．
韩学俭，2002．百合繁殖及其栽培技术［J］．农家科技（9）：32．
韩玉才，2020．刺五加仿野生栽培技术［J］．中国林副特产（3）：30-31，34．
韩志平，张海霞，2019．黄花菜繁殖育苗技术［J］．园艺与种苗，39（1）：25-28，34．
何功秀，刘兴锋．2017．湘西地区阳荷林下仿生栽培技术［J］．长江蔬菜（3）：3．
何圣米，杨吉生，马虎财，等，2009．革命菜栽培技术［J］．上海蔬菜（5）：32．
侯彪，王金瑜，吴柳绚，等，2020．高寒地区鱼腥草有机栽培技术要点［J］．江西农业（10）：1，3．
胡小京，田茂其，2016．务川县野百合丰产栽培技术［J］．农技服务，33（6）：48，43．

胡秀艳，朱显玲，王占新，2020．刺五加人工栽培技术［J］．特种经济动植物，23（7）：23-24．
黄凯丰，冉莉萍，2011．野生蔬菜的研究现状［J］．长江蔬菜（4）：9-12．
黄珂，李祖仁,2013．桂西壮族常用野菜蘘荷的民族植物学研究［J］．安徽农学通报（22）：55-57，101．
黄秋生，郭水良，方芳，等，2008．野生蔬菜野茼蒿营养成分分析及重金属元素风险评估［J］．科技通报，24（2）：198-203．
黄寿祥，2015．马齿苋的特征特性及栽培技术［J］．现代农业科技（8）：106．
黄永耀，2005．败酱草的人工栽培技术［J］．农业新技术（3）：14．
火振明，张力文，李俊年，等，2020．金叶复叶槭幼龄林林下种植多倍体蒲公英栽培技术研究［J］．农村科学实验（7）：107-108．
霍蓓，李刚凤，高健强，等，2017．梵净山荠菜鸭儿芹营养成分分析［J］．安徽农学通报，23（14）：139-141．
金山，2020．辽宁地区黄精栽培技术要点［J］．中国林副特产（2）：46-48
金水虎，吕华军，李根有，等．2002．白花败酱繁育技术初步研究［J］．浙江林业科技（5）：84-86．
金伟林，2014．芥菜的营养价值及高产高效栽培技术［J］．蔬菜（6）：40-41．
兰丽薇，李新，2017．草本花卉马齿苋及其栽培技术［J］．现代园艺（1）：33-33．
雷桂杰，耿维，2017．东风菜资源开发利用价值及栽培技术［J］．林业勘查设计（4）：90-91．
雷军，肖云川，刘淼，等，2013．糯米藤化学成分研究［J］．中成药，35（7）：5．
雷云仙，2020．多花黄精的特征特性及林下栽培技术［J］．现代农业科技（22）：54-55，59．
冷志巍，陈淑华，王漫，等，2018．小叶锦鸡儿全光喷雾扦插试验［J］．辽宁林业科技（6）：45-46．
黎明，2004．金雀花扦插育苗与栽培管理［J］．云南农业（11）：10．
黎青，2007．水芹菜高产栽培技术［J］．农技服务，24（4）：31．
李常乐，刘鲁江，王国强，2020．马兰圆柱形气雾栽培技术［J］．长江蔬菜（17）：13-14．
李辰，卫刚果，胡庭龙，等，2014．菊芋栽培管理技术［J］．天津农林科技（1）：33-34．
李东炎，2021．濮阳县黄花菜高产栽培技术［J］．现代化农业（3）：37-39．
李东炎，2021．濮阳县荠菜的丰产栽培技术［J］．长江蔬菜（4）：63-65．
李根有，金水虎，钱新标，等，2001．白花败酱的家化栽培技术［J］．浙江林学院学报，18（3）：267-270．
李洁，2009．山莴苣引种栽培及繁殖技术［J］．山西林业（3）：34-35．
李进，韩志平，李艳清，等，2019．大同黄花菜生物学特征及其高产栽培技术［J］．园艺与种苗（5）：5-10．
李久廷，于恩娜，2016．木槿硬枝扦插育苗技术［J］．防护林科技（8）：116．
李娟，2021．鱼腥草高产栽培技术要点［J］．农业工程技术，41（2）：73，75．
李蕾，韦带莲，杨超，等，2004．土壤肥料硝化抑制剂对海南岛几种野生蔬菜干物质积累的影响［J］．土壤肥料（6）：21-24．

李立新，高德武，王笑峰，等，2019．黄花菜的特征特性及栽培技术［J］．现代农业科技（1）：83，87．
李启广，2013．荠菜生物学特征及保护地栽培技术［J］．现代农业科技（3）：93，96．
李青萍，常明昌，张浩，等，1999．山西野生蕨菜营养价值的初步研究［J］．山西农业大学学报（自然科学版），19（1）：2．
李绍仙，2017．锦鸡儿繁殖及栽培技术［J］．云南农业（9）：37-38．
李淑蓉，刘贤锋，罗涯鎔，等，2017．贵州鱼腥草栽培技术［J］．农业科技（2）：38-39．
李星，吴凤莲，余彬情，等，2019．黔东南州山地鱼腥草绿色栽培技术［J］．现代农业科技（18）：60，64．
李延安，贾黎明，杨丽，2004．胡枝子应用价值及丰产栽培技术研究进展［J］．河北林果研究，19（2）：185-192．
李玉娟，2005．冬寒菜的露地栽培技术［J］．河南农业（2）：36-37．
李月文，杜红，王显琼，等，2011．重庆豆腐柴叶营养成分测定及分析评价［J］．中国林副特产（6）：18-20．
李长青，路朝，马娜，等，2020．黄精繁育栽培技术研究［J］．科教导刊（电子版）（4上）：290-291．
李祖任，胡楠，杨吉刚，等，2013．繁缕和鹅肠菜的花维管束系统比较解剖学研究及其系统学意义［J］．植物科学学报（6）：525-532．
梁称福，2008．野生蔬菜研究进展与展望［J］．广东农业科学（8）：33-35．
梁继生，2008．冬寒菜的营养价值及栽培要点［J］．现代园艺（4）：10．
林启凰，张娜，叶廷秀，等，2020．天胡荽化学成分的研究［J］．中成药，42（1）：4．
刘媛萍，杨邦贵，李红丽，等，2018．阳荷高产栽培技术［J］．长江蔬菜（11）：42-44．
刘合民，韩宝坤，2001．野生荠菜及其人工栽培技术［J］．邯郸农业高等专科学校学，18（2）：41．
刘静，柳林虎，李慧敏，等，2013．荠菜栽培技术［J］．蔬菜（7）：35-36．
刘克龙，杜一新，梁碧元，2008．天胡荽人工栽培技术［J］．现代农业科技（14）：51，53．
刘奇，刘刚，2011．我国山野菜资源开发利用现状与发展对策［J］．中国林副特产（4）：102-104．
刘青，肖俊伟，危英，等，2020．野茼蒿挥发油化学成分和生物活性研究［J］．贵州中医药大学学报，42（1）：6．
刘文辉，吴东根，何丽娟，等，2011．荠菜大棚生产栽培技术［J］．中国农业信息（12）：25-25，27．
刘跃钧，叶征莺，徐东斌，2007．马兰人工周年栽培技术［J］．中国林副特产（1）：34-36．
罗林会，邱宁宏，王勤，等，2006．野茼蒿栽培技术［J］．特种经济动植物，9（7）：23．
罗琰晶，2019．黄花菜无公害高产栽培技术［J］．上海蔬菜（3）：20-21．
罗勇，谈兵，胡久华，等，2019．当阳市鱼腥草一种三收栽培技术［J］．农家科技（下旬刊）（2）：36-37．
吕宏珍，连福惠，邓书岩，等，2010．大棚紫苏优质高产栽培技术［J］．蔬菜（8）：12-13．

吕振华，2012．绿色野生蔬菜——荠菜的栽培技术［J］．中国园艺文摘（5）：149-150．
马晋生，2014．辽宁省阜新地区菊芋栽培技术［J］．北京农业（6）：18．
马晓成，杨进平，马广福，等，2010．贺兰甘露子（草石蚕）与春小麦套种技术［J］．中国蔬菜（13）：51．
毛建兰，2008．黄花菜的营养价值及加工技术综述［J］．安徽农业科学，36（3）：1197-1198．
门桂荣，杨明，2018．鱼腥草的特征特性及栽培技术［J］．现代农业科技（12）：88，90．
孟宪粉，张家澜，2014．薄荷优质高产栽培技术［J］．种业导刊（11）：16-17．
苗锋，刘进余，李志欣，等，2006．荠菜无公害栽培技术［J］．中国果菜（2）：25．
穆淑红，王晋，李含侠，2020．薄荷的品质与栽培技术关系分析［J］．新农民（21）：40．
倪晓燕，2004．百合高产栽培技术［J］．农家科技（7）：30-31．
欧才益，2019．野葱人工栽培种植技术［J］．农民致富之友（22）：12．
钱亚芳，陈水校，2012．茼蒿营养价值及高产高效栽培技术［J］．农林大观（51）：203．
邱文莹，刘婷婷，于笛，2021．紫苏的营养价值及保健功能分析［J］．现代食品（24）：60-63．
冉江，邓蓉，张定红，等，2021．黔中金荞麦的栽培和生产利用技术［J］．贵州畜牧兽医，45（1）：63-65．
任吉君，周荣，王艳，等，2002．鸭儿芹的特征特性及其栽培技术［J］．中国蔬菜（4）：46-47．
任军方，王春梅，张浪，等，2017．大花马齿苋在海南引种栽培技术要点［J］．现代园艺（15）：52．
任亚力，郑昭，2019．商洛市商州区菊芋高产栽培技术［J］．现代农业科技（19）：64-65．
史銮章，秦中华，2014．金雀花繁殖试验研究［J］．云南农业（4）：40-41．
舒成仁，2005．金荞麦栽培与采收技术的研究［J］．时珍国医国药，16（2）：176．
宋勇，邓志广，杨良民，等，2019．邵阳市丘陵山区艾草优质高产栽培技术［J］．农家科技（上旬刊）（6）：64．
苏华林，吴同书，谢兴本，等，2003．水芹菜高效种植模式及栽培技术［J］．上海农业科技（6）：100-101．
孙晓慧，郑奎玲，廖莉玲，等，2012．八种野菜氨基酸及维生素的含量分析［J］．食品工业科（12）：61-63．
陶福英，周东海，2015．茭白-水芹菜套种高效栽培技术［J］．上海农业科技（6）：157，127．
涂任平，2021．马齿苋人工栽培技术要点［J］．特种经济动植物，24（1）：39．
汪李平，2018．长江流域塑料大棚马兰栽培技术［J］．长江蔬菜（10）：15-19．
汪李平，2018．长江流域塑料大棚冬寒菜栽培技术［J］．长江蔬菜（14）：14-17．
王冬梅，2020．秦安县黄花菜高产栽培技术［J］．农技服务，37（12）：73-74．
王国英，2006．鸭儿芹等五种森林蔬菜人工栽培技术研究［J］．华东森林经理，20（2）：32-34．
王建茂，2010．高山紫叶莴苣高效栽培技术［J］．现代农业科技（13）：126，128．
王建明，2006．菜用木本花卉——木槿栽培技术［J］．当代蔬菜（1）：40-41．

王敏，乔玉双，吴澎，2022．黄精食用价值及其加工利用研究进展［J］．中国果菜，42（2）：7-13，20．

王齐瑞，杨海青，2014．豆腐柴阴棚扦插育苗技术研究［J］．江苏农业科学（10）：226-227．

王森林，2003．鹅肠菜的利用与栽培［J］．特种经济动植物，6（8）：1．

王世发，黄淑兰，2016．紫苏高产栽培技术［J］．吉林蔬菜（5）：23-24．

王世宽，2006．功能型野生蔬菜——鼠曲草的开发利用［J］．北方园艺（2）：74-75．

王世宽，潘明，任路遥，2005．鼠曲草的氨基酸含量的测定及营养评价［J］．氨基酸和生物资源，27（1）：3．

王文涛，杨志敏，丁洁，等，2020．野生沙葱在张家口地区的驯化栽培技术［J］．农业开发与装备（1）：197，200．

王晓飞，刘淑霞，肖宇，等，2016．北方紫苏栽培技术要点［J］．黑龙江科学，7（21）：30-31．

王雨，2012．野菜的毒理学研究进展［J］．贵州医药（11）：1033-1035．

吾娜，2017．香紫苏栽培技术及经济效益分析［J］．乡村科技（23）：49．

吴宝成，刘启新，2012．鸭儿芹的综合利用及其栽培与繁殖技术［J］．中国野生植物资源，31（4）：67-72．

吴宝成，刘启新，2014．新型蔬菜资源鸭儿芹属植物的栽培技术研究［J］．湖北农业科学（12）：2812-2816．

吴大通，龚洁，王维明，等，2002．侵蚀劣地胡枝子栽培技术及水土保持效应［J］．福建水土保持，14（2）：27-29．

吴峰华，花雪梅，成纪予，等，2015．野芝麻的营养成分分析及评价［J］．营养学报，37（3）：2．

吴金平，丁自立，郭凤领，等．2013．我国蘘荷资源开发利用现状［J］．长江蔬菜（22）：10-12．

吴丽娜，2015．栾川县百合高产栽培技术［J］．中国农技推广，31（7）：29-30．

吴水金，李跃森，赖正锋，等，2012．闽南9种人工栽培的野菜营养成分分析［J］．热带作物学报，33（4）：751-754．

吴松标，吴丽芬，2010．败酱草的加工利用及栽培技术［J］．现代农业科技（13）：144，148．

相琳琳，2019．半干旱区菊芋优质高产栽培技术［J］．现代农业（7）：41-42．

肖亮，2019．刺五加人工栽培技术［J］．种子科技，37（16）：75，77．

熊飞，2020．金荞麦高效栽培技术［J］．农村百事通（22）：39-40．

徐安书，张朝凤，2016．涪陵区豆腐柴扦插繁育试验初报［J］．重庆工贸职业技术学院学报（3）：6-9．

徐慧，2014．木槿生物特性及其栽培技术［J］．现代园艺（13）：27-27，28.

徐建平，顾国华，马祥建，等，2003．绿色保健蔬菜襄荷高产栽培技术［J］．上海农业科技（6）：88．

许趁新，车寒梅，李如欣，2020．冀南山区核桃林下套种蒲公英高效栽培技术［J］．现代农业科技（2）：76-77．

许又凯，刘宏茂，刀祥生，等，2005．刺芫荽营养成分和不同光照下栽培生物量［J］．热带作物学报，26（1）：75-78.
薛艳，曹玉峰，2014. 水芹菜设施栽培技术［J］. 中国园艺文摘（3）：153-153，192.
闫耀廷，齐燕华，侯康锋，2020. 陇东旱塬区甘露子起垄覆膜集雨高产高效栽培技术［J］. 甘肃科技纵横，49（8）：30-32.
严再蓉，费伦敏，袁大友，等，2016. 水芹菜优质高产栽培技术［J］. 中国野生植物资源，35（4）：72-75.
颜杉，朱峻韬，吴品兴，等，2019. 豆腐柴扦插繁殖技术研究［J］. 园艺与种苗（5）：66-67.
杨勃林，2011. 菊芋栽培管理技术分析研究［J］. 吉林农业（C版）（12）：146.
杨春艳，陈秀斌，王春国，2016. 大棚马兰头栽培技术［J］. 特种经济动植物，19（9）：37-38.
杨少宗，陈家龙，柳新红，等，2018. 不同品系食用木槿花瓣营养、功能成分组成及营养价值评价［J］. 食品科学，39（22）：213-219.
杨淑艳，李桂娟，柴鑫健，等，2009. 百合栽培技术［J］. 吉林蔬菜（1）：54.
杨思根，李勇，2000. 秋季水芹菜大田高产栽培技术［J］. 长江蔬菜（5）：13.
杨子欣，2018. 豆腐柴叶营养成分及加工应用现状［J］. 农家参谋（10）：70.
叶国东，王怀根，黄德森，2003. 特种蔬菜荠菜无公害栽培技术［J］. 湖北植保（5）：29.
叶加贵，2016. 革命菜人工集约化栽培种植技术［J］. 上海农业科技（2）：72-73.
殷首文，2020. 浅谈鱼腥草大棚栽培技术［J］. 农家科技（下旬刊）（2）：102.
应芳卿，刘宗立，2007. 香椿的营养价值及医疗保健作用［J］. 安徽农学通报，13（9）：84，156.
应跃跃，王喜周，何国庆，2012. 条叶榕营养成分分析及黄酮含量的测定［J］. 食品工业科技，33（14）：90-92，99.
于晶，2020. 刺五加人工栽培技术［J］. 农家科技（下旬刊）（6）：78.
于淑玲，2009. 新兴叶菜——冬寒菜栽培技术［J］. 现代农村科技（22）：21.
余丽慧，夏丽敏，2020. 林下种植黄精栽培技术及发展探讨［J］. 农村经济与科技，31（6）：44-45.
袁名忠，2020. 浅析黄花菜栽培管理技术［J］. 农家致富顾问（24）：19-20.
查振新，2016. 水芹菜—苋菜—小白菜连作高效栽培技术［J］. 安徽农学通报，22（12）：57-58.
查正良，2009. 菜用木槿扦插育苗及管理［J］. 安徽林业（1）：39.
张洪，黄建韶，赵东海，2006. 紫苏营养成分的研究［J］. 食品与机械，22（2）：41-43.
张兰，张德志，2007. 天胡荽的研究进展［J］. 今日药学，17（1）：15-17.
张嫩玲，叶道坤，田璧榕，等，2017. 天胡荽的化学成分研究［J］. 贵州医科大学学报，42（10）：4.
张以莉，2017. 菜用木槿高效生产技术［J］. 农村百事通（16）：33.
赵海波，杨晓燕，侯相民，等，2011. 三脉紫菀化学成分的研究［J］. 广东化工，38（9）：23.
赵孟良，2020. 菊芋的功能营养价值开发及应用前景［J］. 蔬菜（9）：40-45.
赵平娟，陈璐，邓立刚，等，2013. 热带雨林28种野菜中的维生素E含量测定［J］. 营养学报（4）：408–410.
赵淑芹，2019. 甘露子特征特性及优质高产栽培技术［J］. 中国农技推广，35（4）：53–54.
赵淑芹，巨进超，芮敏，2019. 菜药兼用植物甘露子特征特性及栽培技术［J］. 科学种养（5）：57–59.
赵晓霞，王梦亮，2014. 苦菜的营养成分及开发［J］. 现代园艺（23）：2.
赵园园，戴爱梅，2020. 博州黄花菜绿色高产栽培技术［J］. 农业科技通讯（1）：278–279.
郑聪聪，苏艳芳，陈磊，等，2013. 白花碎米荠的化学成分研究［J］. 中草药，44（19）：2657–2660.
郑华，2000. 野生败酱的高产高效栽培技术［J］. 农村百事通（18）：26.
仲山民，李根有，林海萍，等，2001. 野生败酱的营养成分分析［J］. 中国野生植物资源，20（1）：45–46.
周光户，2009. 木槿及其栽培技术简介［J］. 南方农业（园林花卉版），3（3）：49.
周淑荣，郭文场，刘佳贺，等，2015. 甘露的栽培管理［J］. 特种经济动植物（5）：45–47.
周维平，2018. 黄花菜优质高产栽培技术［J］. 现代农业科技（2）：68–69.
周振宇，吴文军，2011. 无公害马兰人工栽培技术［J］. 金陵科技学院学报，27（4）：60–62.
诸尧兴，2012. 马兰头营养价值及栽培技术［J］. 现代农村科技（1）：15.
邹志江，2014. 苦叶菜人工栽培技［J］. 农村百事通（14）：38.